U0182470

〔日〕小林雅一

韩诺 —— —— 译 著

5G

如何改变世界

中国科学技术出版社

·北 京·

5G の衝撃

小林雅一

Copyright © 2020 by MASAKAZU KOBAYASHI
Original Japanese edition published by Takarajimasha, Inc.
Simplified Chinese translation rights arranged with Takarajimasha, Inc., through
Shanghai To-Asia Culture Co., Ltd.
Simplified Chinese translation rights © 2019 by China Science and Technology
Press Co., Ltd.

北京市版权局著作权合同登记 图字：01-2021-6821。

图书在版编目（CIP）数据

冲击：5G 如何改变世界 /（日）小林雅一著；韩诺
译 .—北京：中国科学技术出版社，2022.2
　ISBN 978-7-5046-9386-0

Ⅰ. ①冲… Ⅱ. ①小… ②韩… Ⅲ. ①第五代移动通
信系统－研究 Ⅳ. ① TN929.538

中国版本图书馆 CIP 数据核字（2021）第 258151 号

策划编辑	申永刚	何英娇	责任编辑	孙倩倩	
封面设计	马筱琨		版式设计	锋尚设计	
责任校对	邓雪梅		责任印制	李晓霖	

出　　版	中国科学技术出版社
发　　行	中国科学技术出版社有限公司发行部
地　　址	北京市海淀区中关村南大街 16 号
邮　　编	100081
发行电话	010-62173865
传　　真	010-62173081
网　　址	http://www.cspbooks.com.cn

开　　本	787mm × 1092mm　1/32
字　　数	60 千字
印　　张	5.5
版　　次	2022 年 2 月第 1 版
印　　次	2022 年 2 月第 1 次印刷
印　　刷	北京盛通印刷股份有限公司
书　　号	ISBN 978-7-5046-9386-0/TN·55
定　　价	59.00 元

前言

从传统手机到智能手机，再到物联网——我们的移动终端与它所依赖的通信技术，迎来了最近10年来的最大升级换代。

在日本，新一代移动通信技术——"5G"于2020年春正式启用。它将带来远远高于过去的传输速率，视频等大文件能够瞬间下载到智能手机和平板电脑上。

在美国，5G服务已于2018年投入使用。相关数据显示，其传输速率竟然是4G的3～50倍（实测值）。过去，下载一部2小时的电影平均需要六七分钟，而若使用5G，下载时间将缩短至一两分钟，甚至几秒就能完成。

因此有人预测，在5G时代，每月的流量限制将被取消，运营商提供的流量包月套餐或成为主流。虽然每月的整体流量费用比4G时代略高，但是单位流量费用实际上会有所下降。

5G还有一个优点是"传输延迟时间短"（低延迟）。延迟时间是指通信网络的响应时间。延迟时间越短，通信类应用程序用起来越流畅。

特别是手机游戏被认为将会从中受益。

一直以来，手机游戏以所有人都能轻松上手的简易游戏为主。但在5G时代，用户有望在手机和平板电脑上获得兼具华丽视觉设计的冒险游戏等真正大制作的游戏体验。这是通过互联网进行流媒体传输，将游戏引入云端，提供给玩家。

4G时代的云游戏存在传输延迟的问题，玩家的操作时间和游戏中实际发生动作的时间不能同步，导致游戏体验不佳。然而5G的低延迟特点似乎可以解决这类问题，从而给玩家更好的游戏体验。

这会衍生出"虚拟现实"（VR）和"增强现实"（AR）等新一代应用软件。这是一种浸入由高精细计算机图形（Computer Graphics，CG）创造出的3D空间，或者将现实景象与网络空间的信息重叠显示的技术。

该技术原本是为了实现更加真实的游戏体验，近年来也逐渐被应用到"产品组装工厂"和"客服中心"等业务当中。这项技术有向商务办公市场拓展的趋势。

因此，继手机之后，5G时代还将对新一代终端产生影响。

例如，有人预测苹果公司会在未来几年内发售搭载有VR或AR功能的"头戴式显示器"（HMD）和"智能眼镜"（眼镜型终端）。

据悉，Facebook（脸书）[①]公司也在开发智能眼镜，该设备可以声控拍摄透过眼镜看到的风景，并将这些照片和视频分享到社交媒体上。

谷歌公司和亚马逊公司在这方面也有类似的动态，可以说，以GAFA，即Google（谷歌）、Amazon（亚马逊）、Facebook、Apple（苹果）四家公司为代表的巨头信息技术企业在VR、AR领域都早有布局。

5G可能还将推动"物联网"（Internet of Things，IoT）的实现。在物联网社会，机器人、无人机、汽车等各种各样的设备都将被接

---

① Facebook（脸书）于2021年10月28日宣布，该平台的品牌将部分更名为"Meta"。由于本书日文版出版时间早于该平台更名时间，故本书仍使用"Facebook"（脸书）一名。——编者注

入互联网。

　　但是，当5G技术应用渗透到社会的各个角落，一些机构和组织也可以通过网络获取我们的信息，甚至能时刻通过面部识别系统监视我们。因此，对个人隐私权的侵害也是个令人担心的问题。

　　此外，接入5G网络的汽车、飞机、机器人或发电厂、交通系统等社会基础设施建设如果受到网络攻击，将会引发重大事故。

　　关于5G所带来的未来的想象和诸多问题，我们将在本书中向各位读者一一解读。

　　此外，本书观点仅基于作者个人的见解，并非以日本电信运营商KDDI及KDDI综合研究所的经营计划、股东信息和官方研究成果为依据。

　　　　　　　　　　　　　　　　小林雅一

前言

第1章

5G对于我们意味着什么?

目录

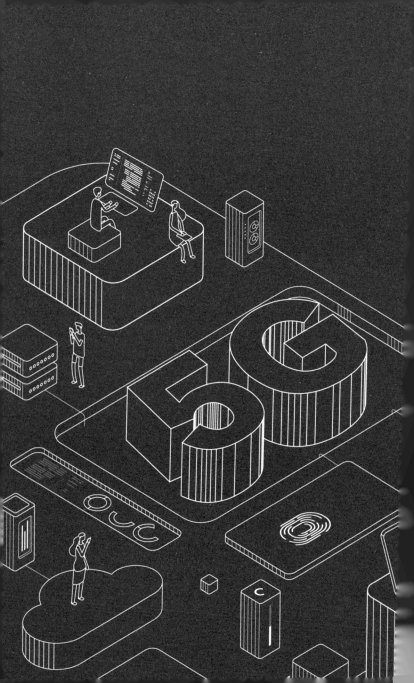

第 1 章

5G对于我们意味着什么？

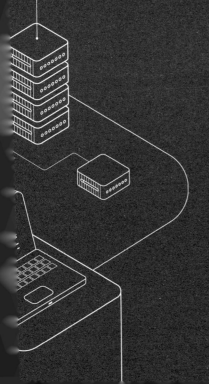

新一代移动通信技术
"5G"开启商用

　　如果放在口袋里的自家钥匙不翼而飞，不论是谁都会很着急。但比起丢失智能手机的恐慌，这恐怕根本算不上什么。

　　现在的智能手机里不仅记录着自己的姓名、住址，更是集多种重要的个人信息于一身。例如，存有大量联系方式的通讯录、网上银行的账户信息、信用卡号、社交媒体的账号密码、写着过去和将来行程安排的日历、充满回忆的照片和视频等。

　　智能手机等移动终端已不知不觉地融入了我们的日常生活和商务办公中。在当下称其为

"我们的人生本身"或许都不为过。

迄今为止,在移动终端经历跨越式发展的同时,支撑它的移动通信技术(规格)也屡次更新换代。

1979年面世的车载电话和20世纪80年代的移动车载电话代表了第一代移动通信技术(1G)。20世纪90年代模拟信号转变为数字信号,手机功能逐渐丰富,此阶段为第二代移动通信技术(2G)。21世纪初期,互联网的加入促进了音乐传输和移动应用的发展,此阶段为第三代移动通信技术(3G)。2010年进入第四代移动通信技术(4G),人们追求更高速率、更大容量的视频流媒体视听的需求却越来越难以满足。

如今,智能手机和移动通信技术正在向第五代移动通信技术(5G)升级。日本主流运营商(通信业企业)无一例外,已全部在2020

年内发售了支持5G的智能手机，并开始提供5G服务。

在5G时代，令4G望尘莫及的超高速率、大容量移动通信成为现实。而它在未来所支持的设备也远远不止是智能手机。从包括VR和AR在内的用于下一代应用的终端，到机器人、无人机、自动驾驶汽车等花样繁多的设备连接互联网形成的物联网（Internet of Things，IoT）社会，5G正作为其基础技术备受瞩目。

国际标准化组织定义的 5G性能

5G备受期待，那么具体来讲，它具有哪些性能呢？

国际电信联盟无线电通信部门（International Telecommunications Union–Radio communication section，ITU–R），基于"3GPP"标准化项目，发表了5G必须满足的最低条件。其中，主要条件为以下3点。

1．数据传输速率

数据传输速率是指传输数据时的速度，以比特为单位，表示每秒可以传输的比特数。这一数值越大，传送大容量的文件所需要的时间越短。

5G需要达到的传输速度为下行每秒20吉比特（1吉比特=1024兆比特）、上行每秒10吉比特（下行是指从基站到终端的通信，上行是指从终端到基站的通信）。这个速度是4G的10～20倍。

2．延迟时间

通信网络的"延迟时间"是指用户发出传送数据的请求到实际收到对该请求的响应所花费的时间。延迟时间越短，通信网络的反应越快。5G需要达到的延迟时间为1毫秒，大约是4G的十分之一。

但是，这个延迟时间只包括信号造成的无线通信区间内的延迟时间。在实际的移动通信网络中，包括借助光纤等电缆（有线）进行的通信，如果把这段区间也算在内的话，实际延迟时间应该比1毫秒更长一些。

3．连接密度

连接密度是指通信网络中可以同时接入的智能手机等终端数，通常用每平方千米的台数表示。接入用户终端数如果超过连接密度上限，通信网络会发生堵塞，导致终端无法连接网络。能同时接入的终端数当然是多多益善。

5G需要实现的连接密度为每平方千米100万台，是4G的100～500倍。

在此基础上，标准还规定通信可靠性也要远远高于4G。

美国5G实力受到考验

眼下若想知道5G实力究竟如何，首先当然要看一看已经开始提供服务的美国。中国、美国、韩国等一些国家在2019年前后开始试点面向智能手机的5G服务。其中，美国主要运营商在纽约、芝加哥等地逐步开始提供5G服务，现已覆盖30座城市。美国《华尔街日报》负责新产品测评的记者赶赴其中4地，报道了她对5G性能的实际测评，其中包括重要的"数据传输速度"。

该记者走在街头，试着在不同位置通过智能手机使用5G服务。当时她所使用的终端设备为韩国三星与LG集团发售的5G智能手机。

　　实验地点首先选在科罗拉多州丹佛市，美国数一数二的大型运营商"威瑞森电信"（简称"威瑞森"）于2019年夏季开始提供5G服务。记者尝试使用该运营商的5G网络下载视频文件，测试到的传输速度为每秒1.8吉比特。

　　尽管该速度远远低于无线电通信部门规定的目标值（下行每秒20吉比特），但仍约为4G平均速度（下行每秒34兆比特）的52倍，速度可谓惊人。

　　她还从网络电视"网飞"（Netflix）下载了一整季电视剧，4G网络需要1小时以上，而5G只花了短短34秒就完成了下载。

　　另外，佐治亚州亚特兰大市由"美国电话电报公司"（AT&T）提供5G服务。记者在这里也采集到了高于4G几十倍的传输速度。

　　该记者平日以对产品的尖锐批评著称，

但对于这一速度她坦率地承认"的确是非常快"。

但这里我必须补充一点，那就是佐治亚州亚特兰大市的5G服务的覆盖范围极其有限。

美国的5G服务仍处于初期阶段，市内只有很小一部分区域铺设了基站。

4G基站大多是高达几十米的信号塔，而5G的基站大多是小型无线单元。他们大多安装在城市街头的电线杆、街灯或交通信号灯等基础设施上。

前面提到的惊人速度，是记者在位于5G基站仅几十米的室外采集到的。

从那里再向远处走几百米，手机就收不到5G信号了。而且，即使是离基站较近的地方，进入建筑物内部的瞬间信号也会被遮挡。无论是上述哪种情况，手机都会由5G模式切换到4G，从而无法再使用5G服务。

　　超高速通信再诱人，如果覆盖范围如此有限，普通用户在日常生活中也是完全无法使用5G的。可以说，这些城市的5G实属英雄无用武之地。

5G信号频段与传输速度的关系

　　美国第四大运营商"斯普林特"在伊利诺伊州为芝加哥市等地提供5G服务，与上面的例子形成鲜明对比，该记者在芝加哥当地做的测评中发现，该地5G传输速度为每秒100～300兆比特，为4G平均速度的3～9倍。

　　与上面的例子相反，芝加哥的5G覆盖范围较广，在芝加哥市内一半以上的地方都可以使用5G，即使在酒店等建筑物内也可以毫不费劲地收到信号。总体来看，斯普林特的5G服务应用范围更广，通信速度为4G的数倍。

　　威瑞森、AT&T和斯普林特的差异是由其

所使用的5G服务的信号种类不同造成的。威瑞森和AT&T使用的是被称作"毫米波"或"高频"的高频段（2.8万～4.7万兆赫）信号，而斯普林特使用的是被称作"中频"的中频段（2500～4200兆赫）信号。

一般情况下，信号频率与数据传输速度、容量及传输范围（距离）之间有很强的相关性。也就是说，频率越高，传输速度越快，容量越大，但信号的传输距离相应缩短。所以，斯普林特使用（中频段）的中频信号，其5G服务能够较好地兼顾传输速度和覆盖范围。

若从用户的视角来比较二者，现在看斯普林特明显更胜一筹。无论哪种超高速、大容量的移动通信，无法使用就没有意义。实际上一部分美国媒体也刊出了专家的意见，"在能使用中频段的服务之前，我大概都不会购买5G手机"，其实也是借此给读者（消费者）一些专业建议。

那么，为何威瑞森和AT&T没有从一开始就提供中频段的5G服务呢？

原因是这个频域的信号一直以来主要用于军事和卫星通信等对保障国家安全极为重要的领域，移动电话等面向一般消费者的移动通信服务无法使用这一波段。

普林斯特是个例外，该公司以前就拥有一部分中频信号，所以能先于同行业其他公司在这一波段开展5G服务。

管理美国通信的政府机构美国联邦通信委员会此前主持过高频频段的拍卖，威瑞森和AT&T等几家主要运营商中标，才开启了超高速大容量的5G服务。

与此同时，低频段（600～900兆赫）被称为"低频"，使用这一频段的5G服务传输信号的范围比中频段更广，但是通信速度和容量仅比4G高10%～20%，无法期待其性能的显著提升。

在这样的大背景下，美国联邦通信委员会今后计划将最重要的中频信号向5G开放。

一直以来，一部分中频信号都用于教育广播和市民广播等领域。与用于军事和卫星通信的信号相比，由于政治方面的原因，这部分中频信号更容易改用为移动通信服务。美国联邦通信委员会表示，"我们希望通过与相关方面进行交涉来争取到这类电波"。

中频的频段自2020年开始拍卖。由此，美国也将开始提供真正的5G服务。

全球范围内的5G应用

放眼全球,真正展开5G服务的地区仅限于发达国家和经济显著增长的部分发展中国家。

据调查公司"全球移动通信系统协会(GSMA)移动智库"预测,到2025年,中国、美国、日本及韩国四国的5G用户会占全球用户的一半以上。

相比之下,在欧洲,5G在智能手机等面向一般消费者的通信服务中普及较慢,但是像工厂自动化等所谓第四次工业革命中导入5G的进程领先于其他地区。

而在部分发展中国家,发达国家现有的

4G网络和更早的3G网络今后将会快速普及。

5G服务开局顺利。以现有速度来看，预计到2025年，韩国使用5G服务的人数将占到其使用全部移动通信服务人数的66%，美国和日本的这一比例将分别为50%和49%。

有人认为，随着移动通信向以高速率、大容量为卖点的5G服务转变，智能手机等手机服务的费用也将会比现在增加15%~20%。

让我们再把目光转到用户总数方面。预计到2025年，中国将有六七亿人使用5G服务。这一比例遥遥领先于其他国家，排名第一。此外，预计全球将有15.7亿人使用5G服务，占移动用户整体的18%，4G用户则占整体的59%。

目前，中国是全世界最积极引入5G的国家。中国将5G网络定位为可与自来水、电力匹敌的21世纪主要社会基础设施建设，在普及力度上领先全球。

与中国激烈竞争的美国运营商是依次向每个城市导入5G，而中国是一次性向所有城市导入，之后再向其他地区推广。就连某些没有通自来水的边远地区在2021年也铺设了5G网络。

我们在后文中还会讲到，美国许多居民对于住宅区附近铺设新的信号基站和光纤等表露不满，5G基站等基础设施的建设并不像美国联邦通信委员会和运营商预期的那般顺利。

和美国不同，中国是中央政府下达指令推动5G网络建设，5G基站等基础设施能够快速建成。也正是基于这样的原因，人们认为，随着今后5G服务的逐渐扩大，中国在此领域将领先于美国等其他各国。

5G信号的分配结果
所带来的猜想

　　我们再来看看日本的情况。

　　日本总务省2019年4月将5G服务信号分配给了4家通信运营商（见图1-1）。

　　与美国相比，日本的"3700兆赫波段"与"4500兆赫波段"相当于美国的"中频"，日本的"2.8万兆赫频段"相当于美国的"高频"（并非完全对应）。

　　另一方面，美国的"低频"（如前文所述）与现行4G的性能没有太大差异，不影响整体趋势。

　　通过图1-1，马上就会注意到日本5G信号

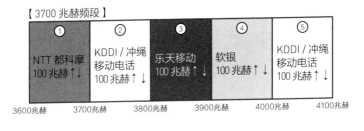

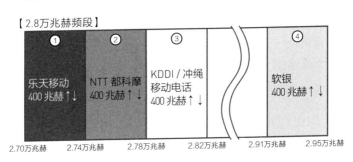

图1-1 日本5G信号分配结果

资料来源：日本总务省《用于导入第五代移动通信系统（5G）的特定基站开发计划的认定》。

分配不均的情况。

对于2.8万兆赫频段(高频),的确是4家运营商各分到1档。但对于3700兆赫频段和4500兆赫频段(中频,也称为"Sub-6000兆赫频段"),NTT都科摩和KDDI各分到2档,而软银和乐天移动等仅分配到1档。

至于为何这样分配,审查各运营商分配申请的日本电波监理审议会给出的理由是,(各公司的5G建设计划)"全国覆盖率大""基站建设数量多""对虚拟运营商(MVNO)的线路开放程度较高"等。

通过前面讲到的美国的情况,我们不难了解,使用高频的5G确实能达到几十倍于4G的超高速、大容量通信,但其覆盖范围、信号传输距离极其有限,所以,至少目前其还很难提供日常的服务。

当然,各大运营商今后会逐渐增加5G基

站的数量，形成更密集的布局，甚至在建筑物内也安装无线单元，通过这些方法，由高频提供的超高速、大容量的5G服务也会走进千家万户。

但是，实现这些目标还要花费一些时间。

目前来看，中频（Sub-6000兆赫频段）更有望成为5G业务的中心。这一频段能够在较大范围内提供数倍于4G的高速率、大容量通信服务。并且，该服务在室内也可以使用。

如此一来，如果中频的5G服务先行开展，我们便可以很自然地认为，对在这一频段确保了2档的运营商NTT都科摩和KDDI来说，至少目前在开展业务方面是十分有利的。据悉，各运营商的服务开始时期如下：NTT都科摩为2020年春季，KDDI/冲绳移动电话为同年3月，软银也在同年3月左右，乐天移动则要到同年6月左右。

目前来看5G有哪些优点

在用户看来，从现有的4G切换到5G，具体会发生多大变化呢？

首先第一点就是智能手机的功能性将得到改善。

目前为止，在4G网络下，如果身处人头攒动的体育场，各应用程序（服务）的反应速度都会变得极慢，甚至无法正常使用。

造成这种现象的原因之一，是通信网络能同时连接的终端数有限。

4G网络连接密度的规定范围为每平方千米2000台至10000台。反过来讲，如果接入的终端数超出这个范围，就会造成网络堵塞而无法连接。

再看5G的连接密度，其标准规定为每平方千米可同时接入100万台终端，是4G的100~500倍，并且能支持超高速、大容量的通信。所以，即使在非常拥挤的地方，只要能接收信号就应该可以顺畅地使用手机。

特别是在上下班高峰期拥挤不堪的地铁车厢里，使用智能手机的用户较多，5G能解决移动通信的堵塞这一点将受到好评。

此外，将电影和视频内容下载到手机和触屏终端，也会变得比之前更迅速。

例如，下载全画幅电影时，4G需要六七分钟，5G可以缩短到仅仅两分钟甚至几秒。如此一来，在搭乘航班排队登机的时间里就可以轻松完成下载。

因此，5G的登场使得移动通信有了更大潜力，它极大地改善了智能手机的用户体验。

5G的杀手级应用
——云游戏

　　在如此自如的通信环境下，什么样的应用程序会变得更常用呢？

　　回顾过去，音乐下载服务和流媒体视频服务分别作为3G和4G时代的杀手级应用曾红极一时。可以说音乐和视频分别是最适合3G和4G通信性能的内容。5G时代增加了通信容量更大、时延更低的新特性。

　　有观点认为，将这些特征最大限度加以利用的内容不正是"电子游戏"吗[1]？也就是说，5G的杀手级应用应该是游戏。

　　对此，许多读者会问："如果是游戏的

话，从3G、4G时代到现在不知道玩过多少了。为什么还要在5G时代特别关注它呢？"

的确，从某种程度上来说，移动终端的应用市场中需求最大的就是游戏。在日本，在地铁上偶然瞥见旁边人的手机屏幕，大多都在玩游戏。

但是，这些游戏基本上都是面向轻度玩家的、可以在短时间内轻松畅玩的游戏。这么说可能多少有些语病，但是确实是像"农场经营""模拟城镇"这种用来打发通勤时间的游戏更受欢迎。

与之不同的是，在5G时代，拥有极具冲击力的设计动作、华丽的视觉效果的对战型角色扮演等面向重度玩家的游戏，也就是过去专为游戏机开发的硬核作品将让人们乐此不疲。

只要将这类游戏做成云游戏，也就是通过

网络进行流媒体传输的形式，就能在电脑、手机等终端上运行这类游戏。

其实这种云游戏以前就有，但是受到通信环境的限制，没能广泛普及。

但是如今，谷歌公司的加入使这一领域突然引起关注。2019年11月，谷歌公司在美国、英国等14个国家上线了云游戏平台"STADIA"（当时提供服务的国家不包含日本）。

使用这一平台要先购买创始人版套餐，套餐包括一个官方手柄和一台"Chromecast Ultra"电视棒（用于将手机和电脑上显示的视频投屏到电视屏幕上的小型装置），并且拥有3个月的订阅期，售价为129.99美元。

此外，平台刚上线就提供了《最终幻想15》《进击的巨人2：最终之战》《刺客信条：奥德赛》等22部顶级制作游戏。

只要安装谷歌Chrome浏览器，就能从电脑、手机等终端上使用STADIA。该平台计划提供的内容就是所谓的"3A大作"①。

"3A大作"是指游戏制造商投入大量预算开发较长时间的高品质游戏。一直以来，这类游戏都是为游戏机量身定做的。但有了云游戏之后，用户将可以在电脑、手机等终端设备上体验高品质的游戏。

为了将STADIA商业化，谷歌公司从2017年就开始着手准备。

在那之后，谷歌公司不断挖掘游戏界的名牌制作人，并利用他们多年积累的人脉，联动大型游戏制造商。随着众多游戏开发者的加入，这一原创系统逐步构筑起来。

一直在游戏领域默默无闻的谷歌公司为何

---

① "3A大作"是游戏中的代名词，是指用大量时间研发的高质量游戏会得到高回报的作品。3A表示，大量时间（A lot of time）、大量资源（A lot of resources）、大量资金（A lot of money）。——译者注

突然开始大费周章地进军这一领域？

原因就是谷歌公司重新注意到了游戏市场的无限潜力。全球游戏用户数量目前高达20亿人。油管（YouTube）上有大量玩家玩游戏的视频，每天累计播放量高达几亿人次。

这么看来，游戏云端化，打破了横亘在玩家和订阅观众之间的壁垒。也就是说，如果被油管上人气玩家的游戏视频吸引，观众只需点击一下按钮，就可以轻松进入同款游戏中畅玩。还可以分享游戏视频，吸引更多的朋友加入。

通过这种机制，谷歌公司正打算全力创造出面向"下一个十亿用户"这一新目标客户群的游戏市场。

美国娱乐软件协会的调查显示，2018年全球游戏产业销售额约为1349亿美元，创历史新高。

这一数字遥遥领先于音乐唱片产业的191亿美元和流媒体视频行业的288亿美元。并且，这与包括电影院的票房收入、DVD光盘产品和付费点播电视服务在内的电影产业整体销售额1360亿美元几乎不相上下。

总之，游戏是当今世界最大的娱乐产业。如果能将其用户数真正地扩大到现在的1.5倍，也就是30亿人，那么谷歌将能掌握令人目眩的巨大市场的主导权。

另一边，索尼、任天堂和微软这些游戏机制造商对于谷歌的动向警惕起来。如果云游戏成为行业主流，那玩家将不再需要特意购买游戏机。

然而，如果这确实是不可阻挡的大趋势，那么游戏机制造商也必须从现在开始准备转型做云游戏。

微软已经着手开发了被称为"xCloud"的

游戏流媒体服务，并于2019年10月发布了测试版本。亚马逊公司内部也在商议开发云游戏。

2019年5月，微软还宣布了和索尼合作共同开发云游戏的消息。这一消息事先并未通知索尼的PS（Play Station，PS）游戏机开发部门，所以同部门的工作人员是在新闻上得知的这一消息。因此，部门经理不得不安慰下属，并向他们保重下一代PS游戏机的开发计划不会受到影响[2]。

蜂窝通信原理与边缘计算

谷歌等著名信息技术企业如今纷纷开始致力于云游戏的开发。在推广这种游戏时，有几个必须要考虑的障碍。在此背景下，5G登场，或许5G可以解决这些问题。

首先是传输速度（通信容量）的问题。

谷歌公司将STADIA所需的传输速度定义为"最低每秒35兆比特"。也就是说，传输速度只要高于这个数值，玩家就可以流畅地体验游戏。

在发达国家，4G的传输速度平均为每秒34兆比特，现在已经基本达到。如果换成5G，传输速度就会显著加快，那么对于云游戏来说传输速度障碍将不复存在。

那么，取而代之的真正的问题将是"传输延迟"。

一般来说，打游戏可接受的延迟时间为几十毫秒。也就是说，延迟时间如果高于此数值，游戏就会出现"卡顿"的感觉。反之，如果延迟时间能控制在低于这个数值的范围内，玩游戏时玩家就会感觉非常顺畅。

我们在前面讲过，无线电通信部门规定的5G延迟时间为1毫秒，所以这个条件看似也可以轻松满足。

然而实际并非如此。要想知道其中缘由，必须进一步了解5G的架构。

5G在部分国家中被称为"蜂窝通信"。这种通信方式，是把智能手机等移动终端的使用区域分割为若干个小区，各小区之间架设信号基站（见图1-2）。这些基站连接运营商的核心网（主干通信网），再从这里经由网关交换

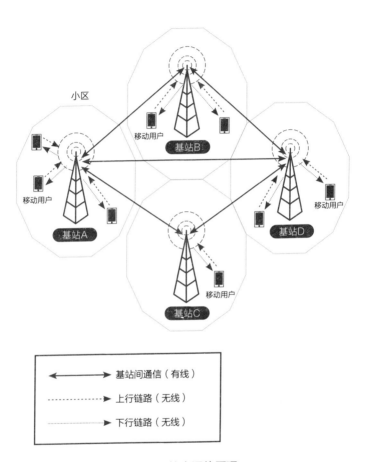

图1-2　蜂窝通信原理

机,连接到其他运营商的核心网和互联网。

这种架构使我们平时能通过智能手机和全国各地的人通话,也可以利用互联网享受便捷的服务。

这里需要注意的是,蜂窝通信网的信号(无线)范围。

实际上通过信号连接的只是我们的手机和基站。基站大多通过光纤等电缆(有线)实现与核心网和互联网主干网的连接。

那么5G规定的"1毫秒"的延迟时间,仅指手机和基站之间的无线区域内的传输延迟。

用户用手机或电脑等玩云游戏时,除了该无线区域的延迟时间,还要将光纤等有线区域的延迟时间计算在内。所以,如何缩短这个有线区域内的延迟时间,可以说决定着云游戏的成功与否。

一般而言,在使用光纤的有线网络中,延迟时间大约为每200千米1毫秒。也就是服务器所处的位置和用户最近的基站之间的距离每增加200千米，延迟时间就增加1毫秒。

在用户看来，假设地球另一边有一台服务器，那么两者之间的传输延迟时间将高达几百毫秒。这样是没有办法正常使用云游戏服务的。

为了解决这个问题，谷歌想了一个非常朴素的办法。

那就是尽量将安装云游戏（STADIA）的服务器设在离用户近的地方。为此，必须要准备尽量多的服务器，并接入互联网。谷歌在全球搭建了7500个存有云游戏服务器的节点。

但是，即使做了这么多的努力，有线区域内的延迟还是会发生。为了解决这个问题，大家把希望都寄托在了一个被称作"边缘计算"的方法上。这个方法是指，在基站附近设置高性能的服务器，利用这个服务器来处理智能手机等移动终端发出的请求（见图1-3）。

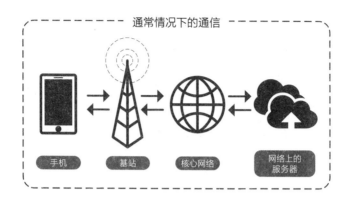

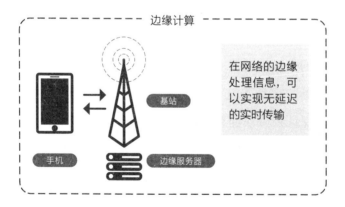

图1-3 边缘计算和通常情况下通信的区别

资料来源:参照日本龟井卓也所著的《5G 时代》制作。

这样一来，用户在玩云游戏时就不再需要运营商的核心网和互联网。也就是说，只进行和基站之间的无线通信，就可以运行游戏。特别是在5G网络下，无线通信区域内的延迟时间（目标值）为1毫秒（1毫秒=0.001秒），极其短暂，玩游戏时几乎感觉不到。

然而，为实现这种方式，最理想的状态是所有基站的附近都安装一个服务器。这需要花费高昂的成本，所以，今后或许需要财力雄厚的大型信息技术企业与运营商联手推进这项业务。在具备这样的5G硬件环境之前，都无法保证云游戏拥有良好的用户体验。

2019年11月中旬，在谷歌发布云游戏的同时，实际体验了这个产品的多家主要媒体记者同时发布了测评。

其中大多都是犀利的批评。

美国《纽约时报》在测评报告中评价道：

"与通常的主机游戏相比，（云端等）在线环境的设置不够直观，很费时间。受网速不稳定和初期漏洞的影响，体验中出现了一些操作异常和质量问题。对于真正的玩家来说，这种问题是完全无法忍受的。"[3]

物联网社会加速到来

前面我们围绕日常离不开的手机,一起思考了5G会给我们带来怎样的变化。但是5G的真正价值,预计将发挥在比手机等现有终端时代更进一步的未来社会中。

所谓物联网社会,是指"万物联网的社会"。人们认为5G将使其加速到来。

日本庆应义塾大学村井纯教授因普及互联网知识而被人们熟知。对于"互联网的发展最出乎您意料的是什么"这一问题,他回答说:"过去我一直在想,什么时候不需要网线也能上网就好了,所以无线技术广泛普及到今天这个程度是我没想到的。"[4]

　　为什么从有线到无线的意义如此重大呢?

　　这是因为无线使互联网的应用范围和自由度得到了跨越性的提高。例如，旅途中拍的照片和视频可以即时发送到社交媒体上，还可以分享给朋友，这主要归功于智能机和无线互联网的普及。

　　今后还会有各种各样的东西被接入互联网，但现在能确定的是，5G这一无线技术一定会成为核心。

　　当然，过去的4G也可以实现物与网的连接。比如，主人为了确认宠物的位置而安装的"GPS[①]项圈"，还有出门在外通过手机开关自家"智能锁"等。但是从这些用途中可以发

————————

① GPS指全球定位系统（Global Positioning System）。——译者注

现，这些商品功能都比较简单且单一。

有了5G后，这些物品连接互联网，就可以对它们进行更为复杂且深度的控制。例如，制造业这几年吸引全球关注的"工业4.0"（第四次工业革命）。

如果这一趋势能够实现，那么工业机器人等工厂设备连接互联网，将可以根据产品供需情况调整产量，改变产品规格。如果机器人发生故障或异常，也可以实时检测、修理和保养。

人们认为5G正是为这样的基础设施而生的。

4G时代，工业机器人等工厂内部的设备特意设计成了通过网线（有线）联网。这是因为无线信号的通信质量不稳定，有可能会引发机器人动作缓慢或混乱等问题。这是因为4G

及之前的无线通信具有时间延迟和缺乏可靠性的问题。

而5G则不同,它大大缩短了通信时延,且提高了通信的可靠性。这样一来,通过无线通信也可以迅速而稳定地操控机器人和各种设备。

工厂里的设备连接无线网络后,可以更轻松地根据需要调整工业机器人的分配,还可以让搬运零部件的移动机器人也通过5G连接无线网。

从固定在地板上的工业机器人,到能在工厂里自由活动的移动机器人,所有工厂设备都将可以通过统一规格的5G联网,经由互联网与外部通信。工厂有望实现更高效、灵活的自动化操控。

这样的趋势在日本被称为"本地化5G",

在欧美国家被称为"专用5G"。这意味着可以
将原本大范围覆盖的5G通信环境，构建为为
企业和专属机构等自运营服务的网络。

自动驾驶与5G的关系

如今，自动驾驶汽车的研发取得了全球性的进展，人们认为5G也将在其中发挥重要作用。不过，此处有一个很重要的点必须一开始就要注意，那就是，自动驾驶汽车的核心功能是汽车要正确把握外界情况，据此执行方向盘转向、踩油门、刹车等各种操作。这是作为汽车本身内置的独立功能来实现的，没有通过5G进行通信的余地。

我创作本书时阅读了大量文献，发现对这一点有误解的文章随处可见，这令我大感意外。这些观点认为，上述核心功能也是通过5G（无线）连接外部服务器的，也就是说，自动驾驶的核心功能是作为所谓的云端型人工智能（AI）实现的。

但是，这种观点是个严重的误解，就算不是开发自动驾驶汽车的工程师这种级别的专家，只要有点常识也很容易理解其中的原因。

我们平时使用手机，有时收不到信号，通话会随即中断。即使通信规格从4G切换到5G，这种故障还是会以一定的频率发生。无论通信可靠性提高到什么程度，只要依靠信号，就肯定会存在收不到信号的地方，也会受暴雨等天气影响出现通信故障。

对此，如果是手机，用户随口抱怨一句也就过去了，但如果是自动驾驶汽车在转向、加速或刹车时出现这种情况，那可不是闹着玩的。

只要这些自动驾驶的核心功能是作为云端

型AI提供的，那么在由于某种信号故障导致通信中断的瞬间，汽车就会失去控制，从而引发重大事故。

因此，这些核心功能只能是独立的，无论是否有可连接的线路，无论面临何种情况汽车都能得到控制，这些核心功能必须在出厂时就已经设置好。

实际上，谷歌和各制造商正在研发的自动驾驶汽车也遵循这样的思路。即使他们的汽车实现产品化，这一点大概也不会改变。

当然，不能因此就说"5G对自动驾驶没用"。如前文所述，5G仍然会在其中扮演非常重要的角色。

比如，包括核心功能在内的自动驾驶操作系统的基础软件需要定期升级，这要借助5G通信实现（自动升级的过程当然是利用车停在车库里的时间进行）。这种操作系统无疑会成为一个庞大的软件。通过4G下载会过于费时并且很不方便，但是借助高速率、大容量的5G就可以不费吹灰之力地完成。

5G信号的灵活应用

　　5G对于行驶中的自动驾驶汽车之间的互相通信（车间通信），也有着至关重要的意义。

　　自动驾驶汽车利用车上搭载的摄影机和雷达等各种传感器，探测车辆之间的交通事故和路上散乱的障碍物。理论上来说，自动驾驶汽车可以使用5G将这些危险信息实时发给附近行驶中的其他自动驾驶汽车，从而引起它们的注意。或者也可以将道路上的事故或堵塞情况通过5G共享给众多自动驾驶汽车。人们期待这些设计能让每辆汽车都顺畅、安全地行驶。为了实现这些先进的服务功能，也要考虑一些与5G原本的用法不太相同的信号使用方式。

如前文所述，5G本来的设想是由运营商提供的移动电话蜂窝通信无线技术。假如使用这一通信方式，自动驾驶汽车利用5G与其他车辆之间就无法实现实时无线通信。

就像我们用手机和别人通话，或者从网页上获取信息时一样，自动驾驶汽车也应该是先通过5G信号连接基站，再连接运营商提供的核心网和互联网，以这种方式与其他自动驾驶汽车进行通信。

总之，虽然说是车间通信，实际上其背后隐藏着庞大的通信网络，自动驾驶汽车需要通过此网络与其他车辆进行"交流"。其中有很多不必要的步骤。特别是在给行驶在附近的车辆共享危险信息时，还要专门通过后台的通信网络，这会额外花费一些时间，从而做不到迅速应对。

对于这个问题，前文中讲的边缘计算是一个很有效的解决方法。也就是在基站附近安装高性能的服务器，自动驾驶汽车发出的请求由这个服务器处理就可以了（见图1-4）。

这样一来，自动驾驶汽车共享危险信息时，只与基站之间进行无线通信就可以了，不需要经由运营商的核心网和互联网。特别是在使用5G的情况下，无线通信区域内延迟时间只有1毫秒，非常短，信息可以迅速共享出去。

不过，这个方法能处理的情况只限于共享信息的自动驾驶汽车位于同一基站信号的覆盖范围内，也就是说汽车之间距离比较近。反过来，如果是行驶范围较广的大量自动驾驶汽车互相共享信息的情况，还是要像原先那样经由互联网才行。

但是，也存在一些完全相反的情况。假设近在咫尺的几辆车一边通信，一边变换车道，

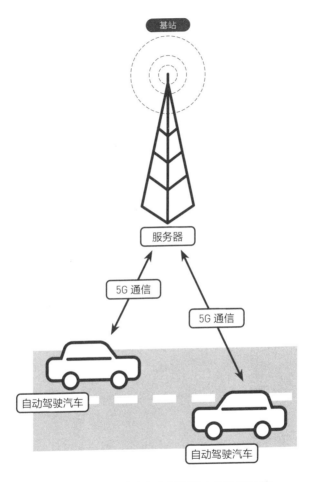

图1-4 自动驾驶汽车车间通信中的边缘计算

或者准备在十字路口转弯，这时需要的是实时通信，像边缘计算这种要经由基站的通信手段根本来不及。这种情况下，车子之间就会利用无线直接通信（见图1-5）。

因此，通常情况下自动驾驶汽车会使用近距离无线通信的50～70兆赫频段，车上要再安装一个与5G区分开的振荡器，这部分会额外产生一些费用。

相比起来，将用于5G的振荡器的费用转用在近距离无线通信上更节约成本。这明显脱离了5G信号原本的使用方式，但毫米波（高频）的频率与近距离无线通信的频率差别不大，所以从技术上来讲是可行的。如果优先考虑成本，就需要对信号灵活应用。

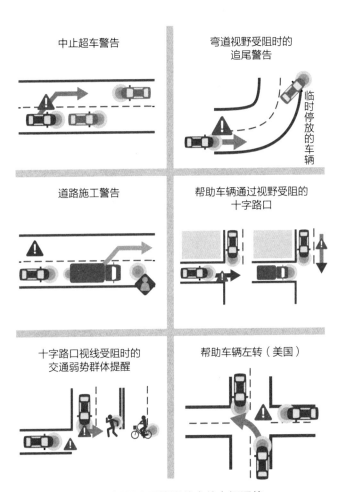

中止超车警告

弯道视野受阻时的追尾警告

临时停放的车辆

道路施工警告

帮助车辆通过视野受阻的十字路口

十字路口视线受阻时的交通弱势群体提醒

帮助车辆左转（美国）

图1-5　近距离无线通信中的车间通信

注：图中情况均以实施右侧通行的国家为例。

乱建5G基站遭反对

如果将5G网络作为物联网社会的基础，大概率会按照高频波段信号来建设。前文中讲到，高频波段将实现超高速通信，但它具有传播距离短的缺点。所以，需要的基站要比以往多得多。

第2代到第4代通信基站都是采用覆盖范围较广的大型铁塔（信号塔）。相应地，第5代通信技术（5G）基站，特别是高频基站，采用的是更小巧的无线单元。这种基站要密集安装，每200～300米放置一个。

据美国无线通信和互联网协会（CTIA）统计，2018年全美国有34.9万座（主要为4G基站）基站，未来还会在这个基础上增设5G基站，预计2026年将有76.9万座基站。

因此，运营商（通信公司）来不及像过去一样只搭建基站专用的信号塔。在5G服务已经开始商用的美国，在电线杆、街灯和交通信号灯等既有的基础设施上安装无线单元作为基站的情况已成为主流。

如果把这些无线单元装遍美国，那么各地都要频繁地进行道路施工。

这些施工工程为了铺设基站到运营商核心网、再到互联网的线路，要挖开基站周围的路面，在里面接上光纤网络。

如此大规模的工程如今正令美国的光纤制造业焕发出前所未有的生机。美国通信巨头威瑞森2017年春季宣布从美国康宁（Corning）公司采购10.5亿美元的光纤，这些光纤连起来的长度，可绕地球500圈。

本来5G将推动超高速无线通信的发展,但讽刺的是,它却依赖深埋地下的光纤这一有线网络。

但是,用挖掘机挖开路面施工,不可能获得当地居民的好感。而且,市区中林立的信号塔,以及大量安在街灯和电线杆上的无线单元,会破坏街道景观,导致周边房价下跌,所以有些居民会站出来反对[5]。

美国联邦通信委员会(FCC)颁布了新规以促进通信公司安装5G基站。为此,一部分自治州起诉联邦通信委员会,要求废止新规。

另外,在威瑞森等运营商看来,要将基站和光纤等5G的基础设施铺满美国的各个角落,大概要花上十年时间,还要投入巨额费用。所以最初很可能会从能迅速收回成本的地区开始投资铺设5G。这就是小康家庭居住的区域。这样做的结果是加剧了高速互联网连接分布的两极分化。有观点认为这扩大了所谓的数字鸿沟（信息落差）。

鉴于此，日本的各大主流运营商也将目光集中在如何优化新的5G基站外观和排布上。

NTT都科摩于2018年4月公开了井盖基站。这种小型基站将安装在地下，盖上树脂井盖后即可发射信号。

KDDI考虑到城市景观，开发了路灯型小型基站"Zero Sight"。这种基站将天线、无线电设备和配电板隐藏在很细的柱子里，使之与街道融为一体。2017年10月开始在部分景点试点应用。

软银也在筹备这种不影响街道景观的小型基站的建设。他们使用的方法是给天线涂上与周围景观相近的颜色。

　　今后，运营商除了在基站上下功夫，还需要定期举办说明会和宣传活动，以得到更多居民的理解。

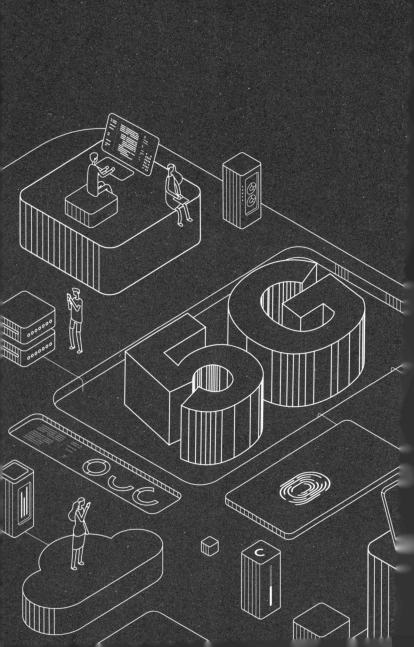

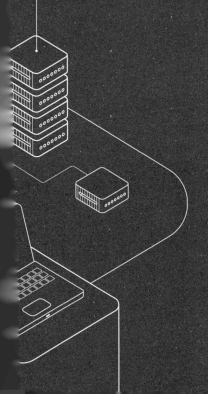

第2章

5G终端与新时代商业前景

5G衍生出的巨大商机

2019年11月发布的一篇调查报告显示，到2035年，全球与5G相关的市场规模将达到13.2万亿美元——这一估值彰显了新一代移动通信不可估量的巨大商机[6]。

进行该项调查的是英国一家信息服务公司"埃信华迈"（IHS Markit），而为该调查提供资金的是美国高通公司。

高通是一家从事移动通信技术和半导体设计研发的企业，它将产品的生产和制造委托给被称作"代工厂"的专业公司。也就是说，高通公司属于被称为"无厂半导体公司"的行业，专门从事先进技术的研究开发和设计。

2017年，总部位于新加坡的半导体厂商博通（Broad com）欲出资收购高通，但2018年时任美国总统特朗普为阻止这起收购发布了总统令，博通只得放弃。从这件事可以看出，高通是能左右美国经济优势地位和国家安全的重要企业。

全世界智能手机中搭载的半导体芯片的专利大多由高通持有。该公司还持有许多4G及之前的移动通信技术专利，其地位即使进入5G时代也不会动摇。

实际上，被称为"5G最大的利害关系人"都不为过的公司出钱做调查，所得出的"超过13.2万亿美元"这一强势预测，有必要打个折扣来看待。

尽管如此，5G今后将带来不可估量的商机是显而易见的。世界知名企业打算乘着5G大潮做些什么呢？

VR再次走入大众视野

随着5G时代的到来，最受期待的服务（技术）恐怕就是VR了吧。日本各家主流运营商在宣传即将到来的5G技术时，最常举的例子就是VR和与之相近的增强现实（Augmented Reality，AR）等服务。

VR是"虚拟现实"（Virtual Reality）的英文首字母缩写，是指使用户浸入计算机动画（Computer Graphics，CG）制作出三维（3D）画面和高保真音频，从而获得更加逼真的游戏体验的技术。

VR的历史要追溯到20世纪60年代美国犹他大学开发的"头戴式显示器"（HMD）。

HMD是用户戴在自己头上的一个眼镜型终端。它通过"双眼视差"，也就是给左右眼投射有细微差别的图像，可以形成有立体感的3D画面。用户转动身体可以看到自己周围360度的画面。到目前为止，这种使用方式仍是VR的主流。

在这之后，VR数次尝试商品化，特别是20世纪90年代几乎在全球掀起了热潮。但当时没能落实到实际产品，也就是没能商业化。

产生此现象的主要原因是当时的VR虽然被称作"虚拟现实"，但能提供的用户体验非常单一。初期的HMD上搭载的语言处理程序和动作传感器的处理能力有限，所以它们制作出的3D图像缺乏真实感，反应也非常迟钝。

之后经过多年的产品的更新，2015年索尼推出的"PSVR"，还有后文中会提到的傲库路思公司（Oculus VR）的"Oculus Rift"等，经

过蜕变的VR终端（HMD）陆续商品化。这些
基本都是用于电子游戏的终端。游戏业反复打
磨的高清晰度CG和各种硬件技术的发展，使
脱胎换骨的HMD描绘出的3D画面相当真实，
反应也变得更加灵敏。

游戏行业的如意算盘

像HMD这样的VR终端，如今在商业性上也和20世纪90年代有一个很大的不同点，那就是近年来游戏产业所处环境的变化。

自苹果公司2008年开发iPhone专用的应用市场"App Store"以来，手机瞬间被手机应用充斥。在那之前依靠较贵的游戏机和软件包发家的游戏产业，在将游戏手机应用化后，大多免费提供游戏服务，即使收费价格也很低。

特别是在日本，游戏人口超过4700万人，其中七成以上是通过下载游戏应用到智能手机上来玩游戏的[7]。手机游戏的年销售额同比增长约1.4万亿日元，家用游戏增长3500亿日元，增幅可观，但两者加起来的游戏整体销售额近年来出现了峰值回落的倾向。

为了再次扩大销售额，需要研发出像索尼曾经投资的"PS"或者任天堂的"Wii"这类划时代的、用户认为物有所值愿意购买的游戏机。因此，如今游戏行业寄予热切期望的就是HMD这种VR专用终端。

与之相对的还有另一种声音，认为"VR的智能电话（普通终端）就足够了"。

谷歌2015年发布了"硬纸板就可以实现的VR终端"，机如其名，就是用类似纸箱的硬纸板折成箱子的形状，其中一面插上智能手机，一个HMD就做好了。在这个手机上下载VR应用，用户从箱子另一面看进去，就能进入虚拟现实世界。

VR技术是基于前文中讲到的"双眼视差"

这一简单的原理。所以硬纸板与智能手机组合起来的简易系统已经足够了。

对于这种纸板制的VR终端，如果用户也可以用自己身边的材料制作，那么费用几乎为零。此外，即使谷歌提供纸板材料，其价格也连几美元都不到。在这样的终端（也就是纸板制的HMD）上运行的VR软件，归根结底是作为手机应用提供的，所以用户可以花极少的钱体验VR。

这个当初被称作"谷歌纸板"的尝试，后来发展成真正的VR服务"白日梦"。这个服务提供低价的专用盒子代替纸板，将手机装到里面即可获得VR体验。

然而，大多数用户对这种廉价的VR终端尝试一下就厌了。用来看VR的纸盒和专用盒子最终都逃不过被遗忘在房间一角或被扔进垃圾箱的命运。

有种观点认为，即使不花钱，用户对特意将智能手机装到专用盒里，并耗费大量电量这一VR体验，接受起来也有些困难[8]。

脸书为VR一番苦战

2014年，脸书也加入了VR经济中。脸书以20亿美元收购"Oculus VR"——一家被看作在这一领域崭露头角的创业公司。但该公司后来成了脸书创始人兼首席执行官马克·扎克伯格的一块心病。

该公司制造的"Oculus Rift"等VR终端（HMD）销售额与扎克伯格的期望相去甚远，2017年扎克伯格曾表示"目前尚未赢利"。此外，其他游戏厂商还起诉"Oculus VR窃取技术"，法庭判决Oculus VR公司支付5亿美元的赔偿金。

之后，Oculus VR公司的5名联合创始人大部分遭到脸书解雇，脸书将企业管理层改换一新，新的团队致力于研发新的VR终端。

2018年发售的"Oculus Go"与以往的产品不同，它与电脑、手机和游戏机等终端之间不需要数据线连接，是可以独立体验VR的单机式HMD，它也因此备受关注（见图2-1）。这款产品的价格为200美元，价格适中。但这

图2-1　2018年6月在美国游戏展"E3"上试玩
Oculus VR终端（HMD）的参观者（日本时事通信社）

款产品被指出存在用户动作自由程度受限、画质较低等问题[9]。

此外，2019年"Oculus Quest"以400美元的价格发售。美国《华尔街日报》的一名记者为测试5G网络，也试用了该产品，随后他评价道[10]："（拳击游戏试玩中）虚拟拳套经常比我的实际动作慢一点。我的手和拳套的动作不同步，感觉很奇妙。有的动作做起来也有些困难。一些游戏是利用手柄来回走的，但实际上身体并不动，大脑却是跟着动的，因此让人感到头晕恶心。"

该记者还评价道："这一VR产品没有当初iPhone发售时那种一举改变世界的冲击力，但有一天它可能会变成日常生活当中不可或缺的东西，尽管现在还没到那个阶段。"

从这一报道可以判断，脸书也和谷歌一样，在为VR的若干问题苦苦奋战。其中一方面是"动作的自由度""画质"和"动作延迟"等技术性难题。这些问题总有一天会被解决，但另一方面，也有"声音"指出了其更本质的问题。

我曾经旁听过VR的专家会议。会上，有人提出了一种根本性的评判："归根结底，3D影像和高保真声音的组合根本就算不上是虚拟现实"。要说原因的话，那就是我们人类生活在这个世界上之所以感到真实，不单是靠视觉和听觉，而是对包括触觉、嗅觉和听觉等所有感官的全方位调动。

要模拟这种真正的真实感，"唯一的方法是在用户头部缠上线圈（缠绕成环形的铜线），直接向脑内神经细胞传送（虚拟体验数字化后的）电信号"。

说实话，我也不知道用上述方法是否能实现VR，但至少现在只能说这还是一个异想天开的概念。比起白日做梦，更需要一种有建设性的态度，去思考利用现有的技术可以做些什么。

增强现实软件反映出的 AR困境

　　另外还有一个与VR相似的技术——AR，一般解释为"经计算机等信息技术（IT）设备增强后的现实环境"。说到具体例子，比较常见的是一类手机应用——在通过智能手机的拍摄功能看到的风景上叠加显示该地的相关信息。

　　众多AR产品中，日本最早引起关注的恐怕要数2009年IT创业公司"顿智"（Tonchidot）发布的增强现实软件"Sekai Camera"了吧。这款概念产品的功能是在手机里显示出的景色上星星点点地叠加上"悬浮标签"，有点像漫画里的对话气泡框，上面有关于该地点的文字信息。

当初，它的面世引发热议，实际上到最后空有概念，没能为日常生活提供更多便利。因此Sekai Camera在2014年停止了该服务。

坦白讲，以失败告终的理由是产品的设计原理本身就存在漏洞。

2008年，Sekai Camera在日本成为热议的话题时，我去拜访了一位大学教授，当时谈到这个产品，教授就断言"那种方法是行不通的"。

通过终端内置的GPS定位手机用户所在的位置，只要利用同样是内置的电子指南针识别镜头朝向，应该就能定位那里的建筑物和物体——这就是Sekai Camera的基本设计原理。

但是，镜头的朝向一直到地平线那里存在着无数物体，光锁定方向是无法锁定"手机画面中出现的物体（站在那个方位的用户看到的最前面的物体）"的。用这种方法实现Sekai Camera的设计理念是不准确的。

当时，我定期向某报纸的IT专栏投稿，有一期就提交了关于这个问题的稿件。但当时的编辑用邮件回复我说："这是家今后将在世界市场展翅翱翔的日本企业，你这样拖它的后腿不好，请重写稿件。"这着实令我吃了一惊，至今记忆犹新。

我完全无意拖这家公司的后腿。只是明知道原理上可能行不通又不写出来的话，投资人等相关人士将来一定会受影响。当然，如果非说自己的投资自己负责也无可厚非，但考虑到媒体的报道会成为他们投资的判断依据之一，所以准确地传播事实是媒体最重要的使命。

当时Sekai Camera如此受关注的原因是它

们报名了在美国硅谷举办的著名创业大赛，Sekai Camera的产品宣讲在评审员中大受好评。当时使用的宣讲视频还被传到网上，内容确实非常棒。

但是，概念再怎么说也只是个概念。问题是公司是否有实现这个概念的技术水平。Sekai Camera还没等好好验证这一点就收到了来自社会的大量投资，对此我感到十分吃惊。

正如前文所说，Sekai Camera的基本技术原理是极其简单的，所以即便不是大学教授这种专家，只要真想验证，其他人应该也可以做到。但是恐怕谁也没有去验证，就被"在海外著名比赛上大受好评""在电视和报纸上炒得非常火"之类的概念迷惑了。

2019年，日本内阁府的"登月型"研发计划让我也有同感。这一国家项目制定了2035—

2050年要实现的25个目标，包括"实现生化电子人技术""消灭地球上的'垃圾'""建立人工冬眠技术"等。5年内将向该计划投入超过1000亿日元的研发预算。

乍一看这些研究目标也的确各有意义，但我总觉得有些荒诞。"消灭地球上的'垃圾'"是极有意义的目标（如果该项目的相关人员真的相信能实现的话），在遥远的未来"建立人工冬眠技术"，如果人类能开拓宇宙直到银河系的尽头，或许也真的需要这项技术。

实际上，至今还有学者在这些领域孜孜不倦地研究着，我一点儿也没有要对这些人的动机和热情指手画脚的意思。但是不管怎么想，这些都不该是之后二三十年里国家投资超1000亿日元的预算（税收）来重点研究的课题。

制定这些目标的是由日本媒体艺术家和科

幻小说作家组成的"愿景会议",他们受聘于内阁府的官僚,曾经炙手可热。在这里面,他们的人气和"人多势众"比合理性发挥着更大作用,总让人觉得左右国家前途方向的重要科学项目在用一种半游戏的态度进行。

为这种事花费资金,还不如用这些钱(不是常见的临时招聘来的限期雇用)增加大学里的正规研究站。1000亿日元到底能雇用多少科学家呢?不如让他们在稳定的职场里踏踏实实地坐着,自由地研究,那样才更能称为未来日本的财富吧。

《精灵宝可梦GO》大热的原因

　　在智能手机的相机拍到的影像上叠加显示文本和计算机动画等附加信息的AR，随着2016年《精灵宝可梦GO》引发热潮而被人们熟知。如今或许已经不需要我再赘述，这是一款使用GPS的定位信息游戏，用精灵球捕捉叠加出现在镜头画面里的宝可梦。

　　据维基百科介绍，2016年日本开放内测，最先在澳大利亚、新西兰、美国等地上架，而后成为世界性火爆商品。

　　从我家去最近车站的路上也有一个宝可梦精灵会密集出现的站点，有时能看到不同年龄层不同性别的爱好者单手拿着手机专心寻找宝可梦的身影。

产品大火之后去赞美它很简单，谁都能做到。尽管如此我还是要特意说一说《精灵宝可梦GO》成功的原因之一，那就是游戏开发人员正确理解了以目前的AR技术水平能实现什么，不能实现什么。

像前文中讲到的Sekai Camera，以当时的技术水平，还做不到准确定位手机画面上显示的各种物体和建筑物，并让相关信息恰好与画面重合。

对比Sekai Camera，《精灵宝可梦GO》不需要精确定位特定的物体或地点。反而只要在地图上大量定位一些大概的位置，用户走到附近，GPS就可以感知到，并出现宝可梦。与其说用户不会在意出现的位置有误差，不如说用户根本就不会注意到这个误差。这种程度的误差是现阶段的技术完全可以实现的。

至于其他的成功因素，我想完全是靠创意和运气了，当然这可能只是我一厢情愿的观点。

在我看来，《精灵宝可梦GO》这样的产品是否会火无人能够预知，但一些设计师和相关人员能考虑这么周全，以相当高的概率引爆市场，或许是具有正确把握微妙的大众心理的特殊能力吧。

蓝领的信息化

除了VR和AR，还诞生了一个叫作"混合现实"（Mixed Reality，MR）的新范畴。MR是一种"在手机等IT终端捕捉到的现实画面中融合CG"的技术。对此，似乎有人认为"现阶段它与AR的区别并不明显"。

有一种说法是，比起AR和VR，MR"可以让虚拟世界感觉起来更真实"[11]。

比如，在应用AR技术的《精灵宝可梦GO》中，即使用户在手机上找到了宝可梦，也无法靠近它。

然而，MR通过调动相机与传感器，可精确计算出用户和角色的位置信息，用户可以从任意角度近距离观察角色。

在实际应用中，不管是叫AR还是叫MR都没大问题，厂家都不会太在意。

后来，还出现了一个将VR、AR和MR等领域都包括在内的"XR"。"X"代表未知，XR即X现实，也就是"未知的现实"。感觉这个表达有点夸张，但在用于指代所有与虚拟相关的技术时是个非常方便的名字。

微软的HoloLens迅速应用了MR（AR）技术。2016年微软发售的HoloLens与VR一样是装置在头部的眼镜型HMD。只不过用户通过VR型HMD设备看到的是计算机动画生成的虚拟空间，而通过HoloLens看到的是自己周围的现实世界。这个现实世界中叠加显示通过计算机动画绘制的虚拟人物、虚拟物体以及操作菜单等。

这些可以通过用户的动作、视线的移动，甚至声音来操控。首先手心向上，手指握拳再伸开，虚拟空间中就会出现初始菜单。用拇指和食指捏起的手势可以滚动菜单，再用食指点击即可选择操作，就像2002年上映的好莱坞科幻影片《少数派报告》（*Minority Report*）中所演绎的一样。

第一代HoloLens的定价为3000～3500美元，对于想购买家用游戏机的普通消费者来说太贵了。

在美国，HoloLens多被用于商业领域。大型卡车制造商"肯沃斯"（Kenworth）购入了50台HoloLens，用于培训工厂生产线上的卡车组装工人[12]。

以前，分配到工厂的员工都是看着前辈的动作有样学样来掌握工作要领。在这一点上即使是被普遍认为是手动社会的美国，与日本也没有太大差别。但是，这种办法在一定程度上存在效率低下的问题，必然会花费大量时间。

而使用HoloLens，新来的工人便可通过虚拟零件和组装方法图示，一边动手操作，一边高效地学习工作要领。有的工人从零基础到掌握最初的工作内容只花了20分钟，这都得益于HoloLens。

微软正在这种现场作业等工作领域寻找下一个巨大商机。

一直以来，微软的主打商品"Office"系列办公软件正如其名字那样，是以白领（脑力劳动者）为对象的IT产品。在即将到来的5G时代，通过高速率、大容量的移动互联网，也能向在工厂组装流水线等作业现场工作的蓝领（体力劳动者）提供完成作业所需的信息。

这一趋势早晚会被推广到"制造""销售"，甚至"运输、物流"等领域中，并被广泛普及。日常工作中的联络、日程调整、产品规格的变更以及来自顾客的投诉等，各种各样的信息都可以实时发送给这些现场作业的工人。

现场工人可以当场用HoloLens访问这些信息，迅速对工作做出相应调整。

德国一家汽车零部件制造商"采埃孚"（ZF Friedrichshafen）为在美国南卡罗来纳州的工厂员工配备了HoloLens。

在这之前，工厂的生产线等发生重大技术性故障时，身在德国的工程师要专门飞到大洋彼岸，抵达美国的工厂排查故障。

但引入HoloLens后，工人可以在头戴HMD拍到的生产线画面中标记"这里有问题"，通过工厂的移动互联网（现在还是连接WiFi，将来会变成5G的吧）发送给德国的工程师。

XR实现"不受时间和地点限制的工作方式"

在日本，将MR引入工作一线，从而改变我们工作方式的尝试也取得了进展。

承包企业客服中心业务的"贝尔系统二十四"等4家企业使用微软2019年发售的HoloLens2，共同开发了一个名为"客服中心虚拟化"（Callcenter Virtualization）的系统[13]，旨在实现"不受时间和地点限制的新工作方式"。

在这之前，提供电器产品和化妆品等各种商品的供应商的客服中心都要准备大量的产品，每接到一个咨询电话，接线员都要将实物拿在手里，一边确认商品和零件，一边应对咨询电话。

但是，这种方式要费时费力去准备商品，存放这些商品也需要投入空间和成本。

而4家公司联手开发的系统可以由戴着HoloLens2的接线员为消费者（用户）提供服务。接线员眼前会再现产品的3D图像，逼真得仿佛触手可及。这让接线员可360度地查看产品，包括内部零件，然后回复用户。

由此可以节省下过去用来准备大量产品的高额成本和时间。只要为接线员准备好HoloLens2，就可以让他们从时间、地点的限制中解放出来，随时随地都可以工作。

例如，一些需要兼顾工作和育儿的人，还有平时不能来市区里的客服中心上班的人，都可以足不出户地完成接线员的工作。

在日本，由人口减少和高龄少子化等导致劳

动人口减少的问题日益严重，不仅要确保劳动力供给、解决劳动力不足的问题，还要努力提供让所有想工作的人都有工作机会的就业环境。

2019年12月，在意大利德龙咖啡机等电器产品的客服咨询中，开始对接线员穿戴HoloLens2回答问题进行实际测试。

步入5G时代后，除了制造业和客服中心，这种景象还会出现在医疗和建筑等各个领域中。

总之，高速率、大容量的移动通信与MR等XR技术使一直以来停滞不前的作业现场高度信息化。同时，还可以让更多的人才流入劳动市场——这里将会诞生下一个巨大商机。

Post、iPhone与 "XR智能眼镜"

VR、AR还有MR等XR市场长远看来只是刚刚兴起[14]。

据《日本经济新闻》报道，特别是VR领域，截至2019年3月，索尼的"PS VR"全球销量超过了400万台。但与售出超过9100万台的"PS4"还相差甚远。VR领域由于还没有出现"杀手级"产品，所以普及还需要花不少时间。

随着5G的到来，谷歌、苹果、脸书、亚马逊等公司要真正加入XR领域了。

据彭博社等美国媒体报道，苹果公司现在

正聚焦VR和XR的研发[15]。

2020年上半年苹果公司发售的新型iPad Pro配有两个摄像头和用于3D系统的小孔，这样一来，终端使用者可以在屏幕上制作"房间""物体"和"人物"等VR或AR图像。

2020年下半年苹果公司发售的iPhone新机型也将搭载与上述iPad Pro相同的镜头和3D系统，并支持5G功能，因此能提供某种VR和AR功能的可能性很大。

2021—2022年，VR和AR功能一体化的移动终端即将登场。人们认为它会像傲库路思公司的产品那样是较大型的HMD。

到2023年左右，搭载AR功能的轻量型移动终端将发布，估计这会是一款"智能眼镜"（眼镜型终端）。它比戴在头上的"HMD"更加小巧，且没有不协调的感觉。

微软的HoloLens主要是面向"工厂的工

人""医院的医生"等人群使用的商务终端，而苹果正在研发的以"游戏"为中心的XR终端则主要面向普通消费者。

苹果将来还会上线一系列XR终端，其产品定位是成为继iPhone、iPad、Apple Watch之后的新一代主力产品。据报道，苹果公司为此组建了一支由美国宇航局原工程师等组成的千人精英团队，专门投入这一研发中。

谷歌眼镜的失败教会
我们的道理

苹果公司开发中的XR终端里有一款眼镜型终端，可以看作与曾经的谷歌眼镜同概念的产品。

谷歌公司在2013年发布的同款产品是可以通过自然语言指令，也就是日常语音发布指令，操作互联网的可穿戴设备。它将互联网空间中的信息与从眼镜终端中看到的真实世界重合显示。在这一点上，它可以被看作AR终端的先驱。

但是谷歌眼镜用"OK，Glass（好的，眼镜）"开头的口令操作设备的样子，让人看来有些奇怪，并且有侵害个人信息的嫌疑，所以评价不高。一句话概括就是，"戴谷歌眼镜的都是阴暗的怪人"。

此后，谷歌公司中止了该产品面向一般消费者的销售，之后改名"谷歌眼镜企业版"，市场定位也转向企业用户等办公用途，与微软公司的HoloLens殊途同归。

该产品特别是在医生群体中广受好评。眼镜上显示病人的病例，用声音命令调取所需的信息，这些便捷的功能深受医生群体的喜爱。

2019年5月，该产品发布第二代企业版，这一版本强化了基于AR的各种用于办公的指导功能，例如"在真实空间的画面上叠加显示工厂内的安全路线的功能"等。

另外，2019年9月亚马逊公布的"回声镜框"（Echo Frames）乍一看就是平平无奇的眼镜，实际是搭载了高端AI功能的智能眼镜（见图2-2）。

图2-2 简洁的外观中融入了高端功能的智能眼镜——
亚马逊回声镜框（亚马逊）

　　它像智能音箱"回声"（Echo）一样，通
过语音命令操作，只要叫它一声"阿莱克萨"
（Alexa）就会启动。比如，用户用语音提一个问
题，它就会用语音的形式回答问题并提供相关
信息。"回声镜框"就相当于把这个智能音箱做
成眼镜。只不过具体的商品化计划尚不明确。

　　2021年9月，脸书与以墨镜闻名的"雷朋"

母公司陆逊梯卡（Luxottica）合作开发的具有AI和AR功能的智能眼镜被正式推出[16]。

这一可穿戴终端通过自然语言（词句）操作。对于透过眼镜看到的景色，内置小型相机可以直接将其拍摄成照片或视频，通过脸书动态等分享出去。当然前提是要有高速率、大容量的5G无线网络。

这些XR终端未来能否成为一般消费者也想要购买的热门商品，恐怕要看前文中苹果正在开发中的智能眼镜了。

一直以来，苹果在技术开发、设计和用户界面（UI）多方面饱受赞誉，如果能成功开发出外形时尚操作简便的智能眼镜，大概会引领一波"戴这个很帅"的潮流。有谷歌眼镜的前车之鉴，苹果也许能创建世界首个XR市场。

日本通信运营商也盯上了XR技术

日本主要的通信运营商也开始投入到XR技术研发中了。

2019年4月，NTT都科摩宣布与美国增强现实公司"Magic Leap"建立合作关系，投资2.8亿美元。都科摩方面表示合作"旨在为5G时代提供新的附加价值，加强基于空间计算技术的MR领域方面的研究"，并取得了面向日本国内的设备销售权[17]。

Magic Leap是一家研发类似HoloLens的MR终端（HMD）的制造商。该公司2018年将第一代产品"初创者版本"（One Creator Edition）

商品化，售价2295美元。此外，它在获得NTT都科摩的投资前，实际已从风险投资公司等处筹得了23亿美元的巨额资金。由此可以看出人们对这一领域的重视和期待之大。不过据美国媒体消息，初代产品由于价格较高，半年仅售出约6000万台，目前如何普及仍是问题。

另一边，KDDI于2019年5月宣布与中国混合现实设备研发商"太若科技"合作。该公司开发了小型智能眼镜（MR眼镜），用户戴上后眼前的现实世界可与绚丽的虚拟画面重叠。眼镜腿一端延伸出的数据线连接搭载安卓操作系统的智能手机，通过应用程序操作眼镜。

两家公司设想将电商等购物网站的商品叠加显示在现实世界中。日本一家网络公司梅尔卡利（Merukari）将作为首批合作伙伴参与共同进行的实际测试。Merukari正在引入该研究部门的技术，开发一款应用程序，当用户在实

体店铺看到喜欢的商品时，可以搜索Merukari
出品的相似商品，并在智能眼镜上显示价格等
相关信息[18]。

KDDI还于2019年11月宣布，与美国脸书
公司合作，共同开发5G时代的VR及AR产品。

他们计划开发一款应用，只要用脸书公司
的手机应用拍照，就可以在店里用自己的头像
照片进行化妆品试色、试穿服装等。该应用将
为零售企业的销售管理系统提供服务，并与手
机支付对接。

KDDI之前就在考虑5G应用，在景点设置
机器人，致力于研发用于远程游览的AR或VR
服务，使游客可以身临其境地享受景点的画
面。此次与在该领域拥有雄厚技术实力的脸书
合作，被认为是希望提高内容实力[19]。另外，
软银和乐天也公布了自己利用5G的多角度VR
画面观看在体育馆举办的棒球、网球等体育比

赛的画面实测。

日本运营商如今开始关注VR和AR，被认为是为了向用户展示5G的存在意义，因为这些XR技术最直观易懂。

要从云端经移动互联网提供适合VR和AR终端的360度视角的3D内容，需要大量数据和强大的运算能力。因此，"高速率、大容量"这一5G优势是不可或缺的。

此外，VR过去常被诟病的是使使用户产生"眩晕"感。要解决这一问题，就要消除传输延迟带来的不自然动作画面。在这点上5G也能充分发挥"低延迟"的优势。

再者，通过将虚拟图像的渲染（绘制）等处理云端化，VR终端可以更加小巧轻便。

一直以来VR终端（HMD）都不是单独的设备，要通过数据线与进行渲染等运算的专用终端、游戏机甚至电脑等连接起来使用。这会让

VR的真实感大打折扣，降低终端的使用手感。

最近，还出现了一些类似Oculus Go的VR终端。它们由一台HMD设备进行所有运算处理。但是有人指出这些终端存在动作范围受限、画质粗糙等问题。

反过来讲，如果想提高硬件性能，又会出现HMD的尺寸和重量增加、外观不好看等问题，给用户造成负担。

相较之下，将来只要使用5G在云端（高性能服务器）上处理渲染，就有望让用户穿戴的终端设备更迷你，同时VR的真实性和画面质感也会更佳。

5G时代聚光灯下的
手术机器人

VR有一个领域被称为"远程存在",是指一种通过远程控制代理机器人,离得非常远的人也能宛如在眼前一样的技术,也叫"远程呈现"或"代理模式"等。

伴随5G的问世,人们把目光投向远程传感在医疗方面的应用。每年2月末,西班牙巴塞罗那都会举办移动通信技术展和世界移动通信大会。2019年的世界移动通信大会上进行了一场"基于5G网络的远程手术"[20]。

位于巴塞罗那会场的消化道手术资深医生通过5G视频连接,向离会场5千米远的医院手术室里的医生护士发出指令，成功为肠道肿瘤患者完成了手术。

高速率、大容量的5G可以传送高像素、高清晰度的视频画面，这位资深医生可以向手术室里的医疗团队传送非常真实的指导画面。他在屏幕上用手指指出肠神经的位置，向团队指示手术该如何进行。

手术期间，5G连接的延迟仅为10毫秒（0.01秒）。以前的4G延迟为270毫秒（0.27秒）左右。

这一成功被认为是向实现"5G技术下机器人远程手术"靠近的一步。

其实在这方面的研发以前就有了。

1969年美国的"阿波罗11号"登月成功后，对宇宙开发和宇宙旅行的期待越来越高。操作宇宙飞船的飞行员和乘客生病受伤时，医生在远离飞船几十万千米的地球上通过宇宙飞船上搭载的机器人进行远程手术的技术的需求也越来越大。

美国宇航局从1970年就开始着手这一技术研发了。这是基于远程传感技术的远程医疗的起源。

在军事领域，对这一技术的需求也同样急迫。美国国防部高级研究计划局（Defense Advanced Research Projects Agency，DARPA）于20世纪80年代末，着手研发手术机器人，身在美国本土的优秀医生可以通过控制机器人为在海外战场负伤的士兵实施远程手术。此后，计划到2025年成功研发出基于这一技术的战地移动无人手术车"外伤救治舱"（Trauma Pod）。

这种无人手术车的设想是当美国士兵在海外战场上受到敌人攻击倒地后，附近的外伤救治舱会迅速驶来，并由机器人将士兵搬入车内，然后由在美国国内和美军基地待命的医生通过操作救治舱里的机器人，远程为受伤士兵实施手术。

上述这些场景并没有仅停留在设想阶段，利用这些研究中积累下来的技术，实际上在2001年就已经成功通过机器人横跨大西洋进行了远程手术[21]。美国纽约的一支外科医疗团队使用当时开发的手术机器人"宙斯"，为一位远在6000多千米外的法国东北部斯特拉斯堡医疗研究设施的患者进行了手术。

但是，那时实现美法之间远程手术的通信网络不是像现有5G这种无线通信网络，而是通过在大西洋海底铺设的光缆——也就是有线通信（严格来讲是在第一章介绍过的5G中信号基站利用光纤进行远距离通信的部分）实现的。

这一远程手术成功为一位68岁女性患者摘除了胆囊。当时，通信网络的延迟约为200毫秒（0.2秒）。这种程度的延迟，在美国的医生几乎感受不到。尽管如此，为了以防万一，医生们还是先用位于斯特拉斯堡的猪做实验之后才进行正式手术。

之后，这种使用机器人的远程手术虽然不算频繁，但也不时在世界各地进行。例如，据英国广播公司（BBC）报道，2014年，在加拿大一家医院工作的医生通过光纤网线，为400千米外的患者进行了疝气治疗等20多次远程手术[22]。

这家医院使用的手术机器人也是前文中提到的"宙斯"。手术中光纤网络的延迟为175毫秒（0.175秒），医生对此表示"感觉不到延迟"。

手术机器人的结构和机制

　　美国纽约和加拿大医生采用的"宙斯"，是总部位于美国加利福尼亚州圣塔芭芭拉市的动态电脑公司（Computer Motion）推出的机器人。

　　该公司参加了美国宇航局的宇宙开发研究项目，在这个过程中积累了手术机器人的技术，然后在这个基础上开发、制造了"宙斯"。可以说"宙斯"是从国家项目中衍生出的产品。这种情况在美国屡见不鲜。2001年，"宙斯"拿到美国食品药品监督管理局（FDA）医疗器械认证，当时的售价为97.5万美元。

　　另外，军用DARPA研究项目衍生出的是手术机器人"达·芬奇"（见图2-3）。这一产品的制造商是总部位于美国加利福尼亚州森尼韦尔的直觉外科公司（Intuitive Surgical）。"达·芬奇"2000年取得FDA认证，早于"宙斯"。当时售价为100万美元，比"宙斯"稍高。

　　这恐怕是发售略晚的"宙斯"（动态电脑

图2-3　2019年5月，德国马格德堡大学医院使用机器人"达·芬奇"为患者实施胰脏手术（德意志新闻社/日本时事通信社）

公司）为了与"达·芬奇"（直觉外科公司）
竞争，稍稍压低了价格。这两家厂商在萌芽期
的手术机器人市场上成为竞争对手。

两家公司的产品在构造和规格上有很多共
同点，甚至可以说几乎是相同的。

"达·芬奇"和"宙斯"等手术机器人的
"控制塔"中内置了计算机，从"控制塔"向
外伸出4条手臂。其中3条分别装有手术刀、
钳子等医疗器具，剩下的1条装有内窥镜摄
像头。每条手臂上的工具都可以替换成其他
工具。

无论"达·芬奇"还是"宙斯"，都是为
实施所谓"腹腔镜手术"或"内窥镜手术"这
种低侵袭性手术（对患者身体负担较小的手
术）而开发的机器人。

腹腔镜手术是在患者腹部开4个小孔进行
手术。首先，为了确定进行手术的空间，要向

肚子里注入二氧化碳，使其鼓起来。然后从4个小孔将安装有内视镜摄像头和医疗器具的机械臂伸进去。

医生坐在离患者几米开外的椅子上，一边看着3D显示器上显示的内视镜画面，一边操作4个机械臂进行手术。

这种手术方法可以将手术刀进入患者身体的范围缩减到最小，减少出血，还可以缩短术后恢复时间。

机器人手术是否安全

在萌芽期的手术机器人市场动态电脑公司和直觉外科公司的竞争关系直到2003年两家公司合并才落幕。此后，"宙斯"这款产品退出市场，统一成"达·芬奇"。直至今日，在欧美等世界各地有数千台"达·芬奇"被用于医疗现场，日本也引入了300多台。它适用于前列腺癌、胃癌和肺癌等14种切除手术。

这些手术操作都不是借助通信网络（不论是有线还是无线），而是手术室里的医生当场操作机器人。医生特意使用机器人进行手术，是因为这种方法对患者的身体负担更小，术后恢复也更快。

但是，另一方面，一份公开的调查结果显示，"达·芬奇"这种手术机器人的安全性和效果也被打上了问号。

2018年，美国《新英格兰医学杂志》(*The New England Journal of Medicine*，NEJM) 发表了一份令人震惊的论文。据这篇论文显示，使用机器人给宫颈癌患者做低侵袭性的子宫摘除手术，癌症复发率是传统手术的4倍，术后死亡率更是传统手术的6倍[23]。

此外，该论文调查美国国立卫生研究院用于2461名宫颈癌患者的手术数据库后发现，接受传统手术的患者术后4年的死亡率为5.3%，使用机器人的低侵袭性手术术后4年的死亡率却高达9.1%。

无论哪种手术，这都只是对宫颈癌手术的调查结果，至少在这种特定疾病方面，我们发现机器人手术未必比传统手术更安全有效。其原因还没有明确，但已经有了一些假说，例如，"腹腔镜术前往患者体内注入二氧化碳带来了不好的影响"。

日本厚生劳动省在2019年6月的讨论会上，通过了在线诊疗方针的修订案，允许医疗机器人手术的远程操作[24]。此后，重症患者有望无需转移就能接受远方技术水平高超的医生的手术。

但我们必须要时刻铭记其中还有亟待解决的课题。假如远程手术导致患者死亡或病情恶化等后果，这一责任是否由实施远程手术的医生承担呢？或者万一5G通信出现故障等情况导致手术失败，是运营商的责任，还是提供手术室、机器人和通信环境的医院的责任？制造机器人的厂商该负责吗？

这一领域对于日本的医疗来说还是未知

的，同时这一市场的参与者成分复杂，有必要从一开始就在相关各界共同商议的基础上慎重、认真地推进。

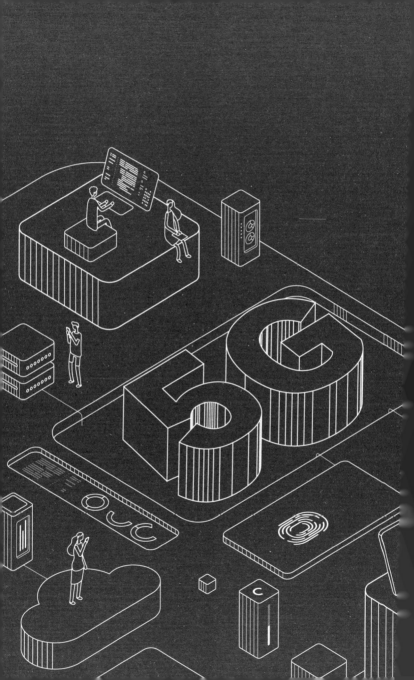

第3章

AI与5G下的社会隐私
与安全问题

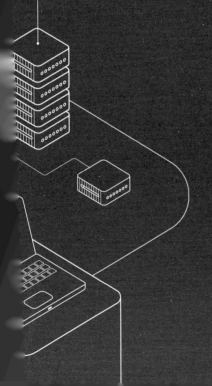

人工智能技术用于确认
身份信息

　　中国通信运营商的营业网点里有很多想要购买5G智能手机的人。

　　其中，想要获取新手机号的人在签约时不仅要出示身份证，还要进行面部扫描。

　　扫描时拍摄不同面部角度及眨眼时的样子，提交面部识别数据。其目的是确认是否为本人。

　　在这之前的2019年9月，中华人民共和国工业和信息化部（简称"工业和信息化部"）对各运营商做出指示，使用AI等各种技术对新的智能手机签约用户进行身份确认。其目的是保护市民的正当权益。

人脸识别业务掀热潮

开发这些技术的创业企业在中国掀起了一股热潮。

其中一家名为"商汤科技"的AI开发公司2018年5月从投资人等处融资6.2亿美元，公司估值超过45亿美元。与该公司竞争的初创企业"旷视科技"也拿到了4.6亿美元的投资。

同为开发监控技术的"眼神科技"聘请了曾在谷歌公司工作的技术开发人员。他们开发的AI监视系统被安装在全国20多个机场和火车站。已协助抓获犯罪嫌疑人1000多人。

人脸识别系统也为人们的行为规范方面做出了贡献。

　　湖北省襄阳市一个十字路口曾因闯红灯、斜穿马路等违反交通法规的案件众多。2017年夏天，警察在这个路口安装了监控摄像头，并通过人脸识别系统锁定违反交通法规的步行者，将其照片与隐去中间8位数的身份证号一起在大屏幕上曝光。这一方式使得违反交规的人数锐减。

成功的宣传

还有一个原因是中国的宣传非常成功。事实上，早在2019年5月中国移动就开始轮播启用5G服务的电视广告[25]。广告中有一位戴着5G智能眼镜的年轻警察追踪犯罪嫌疑人。

警察戴的智能眼镜通过5G通信与街边人脸识别设备联网，无论那名犯罪嫌疑人在逃跑过程中如何换装或者戴假发和胡须易容，都被警察完美识破。一段华丽的追逐动作戏后，犯罪嫌疑人被警察按在地上逮捕了。

这个广告制作精良，博得了观众的一致好评。

另外，2018年，中国警方在几场演唱会中，利用监控摄像头和面部识别系统发现了通缉犯并将其逮捕。

日本的监控估算下来大概是500万台。从中日两国的人口比例来看，日本的监控摄像头密度和中国也差不多。日本不叫"监控"，而叫"防犯罪摄像头"，用它锁定并逮捕犯罪嫌疑人的新闻也时常能在电视上看到。

每次看到这些，我都会想"自己平时在街上肯定也被监控拍到了吧"，感到很不自在，但另一方面又觉得"因为有了它才能捉到犯罪嫌疑人，如果今后能有效减少犯罪事件的发生，监控摄像头多一点也没什么吧"。

日本监控摄像头的密度已经跟中国差不多了，人脸识别系统恐怕还没有中国那么普及。如果监控系统的普及真的能够用于防止犯罪发

生、抓捕犯罪嫌疑人的话，我想我们也没有反
对它的理由。

亚马逊将图像识别程序提供给警方

美国一些机构将人脸识别程序提供给执法部门使用。特别受关注的是巨头信息技术企业亚马逊与警方的关系。

2016年，亚马逊云计算服务（AWS）开始提供名为"Rekognition"（本来英语中表示"识别"的单词是Recognition，但大概由于一般名词不能用来注册商标，所以特意将c改成了k）的图像识别程序。

Rekognition是基于尖端AI深度学习的图像识别程序。Rekognition作为API（Application

Programming Interface，简称API，指应用程序编程接口）导入客户（主要是企业和政府机关等机构）的系统中。只要在系统中安装上这个API就可以轻松实现图像识别功能。

图像识别可以用于静止图像，也可以用于录像等视频。其用途多种多样，比如"商品""建筑物""行为"和"场景"等，但恐怕最常用的就是"人脸"识别了。

例如，日本主要机场的出入境检查和主题公园的出入园管理等，都开始使用AI人脸识别系统了。

恐怕"Rekognition"的客户需求最高的也是人脸识别功能吧。亚马逊上架该API没多久，就开始积极对美国警方等执法机关进行营销。靠可以自动识别出照片和视频中犯罪嫌疑人的脸，将这一API推销成了强有力的刑侦辅助工具[26]。

当时，马上做出反应引入Rekognition的是佛罗里达州奥兰多市警署和俄勒冈州华盛顿县的治安官办公室。

效果马上就体现出来了。治安官办公室导入Rekognition后，仅一周时间就利用人脸识别系统在当地商业街发现了盗窃价值5000美元商品的犯罪嫌疑人，并成功将其逮捕。在此之前，一直没找到抓捕这名犯罪嫌疑人的决定性线索，Rekognition不凡的能力一下子吸引了人们的关注。

在这之后，通过利用脸部识别系统对小商铺里的监控摄像头拍到的画面进行分析，美国警方又成功抓到了一些犯罪嫌疑人。

这样一来，有这些大获成功的先例作为素材，亚马逊向全美各地警局的营销攻势愈加猛烈。

非政府组织担心
技术滥用

对此提出异议的是"美国公民自由协会"（American Civil Liberties Union，ACLU）等美国的非政府组织。该协会指出，"（导入Rekognition的）警局有可能会偏离原本的刑侦目的，将人脸识别系统用于追踪参与反政府游行示威的普通市民"。

2018年5月，美国公民自由协会为首的20多个市民团体联名给亚马逊首席执行官杰夫·贝佐斯写了一封公开信。信中这样写道：

"Rekognition 处于一个随时都有可能被政府滥用的状态。该产品对当地社区，特别是有色人种和移民等构成了严重的威胁。而且也有可能损害亚马逊长久以来在美国社会积累的信用和美誉度。亚马逊现在应马上停止向执法机关销售Rekognition。"

据美国乔治敦大学法学院隐私与技术中心推算，警方刑侦对象的人脸识别数据库中约有超过1.3亿美国人和其他国籍的成年人的信息。

再怎么说，美国人里有如此多的罪犯也是不合常理的，所以恐怕其中一大半是与犯罪无关的普通市民。例如，美国车辆管理局的数据库中积累了大量驾驶证照片，警方如果打算利用这些数据，这些都可能成为人脸识别系统的识别对象。

实际上，美国至少有16个州的政府已经允许联邦调查局（FBI）对驾驶证照片进行面部识别以找出其中的犯罪嫌疑人。也就是说，许多美国人都暴露在Rekognition等人脸识别系统滥用的危险中。

从技术方面看，美国的人脸识别系统存在精确度的问题。

拍摄证件照时，脸正对相机且照明光线也比较充足的话还好，如果达不到这些条件，识别的精确度就会大幅下降。

另外，麻省理工学院调查显示，特别是对非洲裔等有色人种的女性，人脸识别系统的误差率最大可达到35%，即这种识别的准确度最差时会下降到65%。

在这一问题被指出后，实际引入了Rekognition的俄勒冈州华盛顿县治安官办公室对市民团体写给亚马逊的抗议公开信，陈述了观点："按照亚马逊的规则，规定这一技术（Rekognition）仅应用于刑事侦查。而且我们也没有计划将该技术用于警察的执法摄像头记录下的视频和实时监控系统。"

而亚马逊的公关负责人一方面避免直接谈及公开信，另一方面他表示"我们已向治安官办公室等我公司的客户提出要求，要其遵守美国法律"。

而且他还列举了"在主题公园等处自动找到迷路的孩子"等积极的应用案例，一针见血地指出："仅仅因为担心极少一部分可能会滥用就将这一新技术（人脸识别技术）非法化，那我们的生活质量将会显著下降。"

面对亚马逊的反驳，美国旧金山市议会2019年5月通过了禁止警察局等执法机关使用人脸识别技术的条例草案。同月，联邦下议院也召开关于人脸识别技术的公开听证会，议员们表示出对这一技术不受任何限制的状况的担忧。

但亚马逊完全不打算让步。同年5月，亚

马逊的股东大会通过了一部分股东提出的关于"Rekognition使用限制"的议案。但赞成停止将这一图像识别系统出售给警察局等政府机关的股东仅占全体的2.4%[27]。

在这之后，亚马逊一面强化检测"愤怒"等面部表情的功能，一面继续向执法机关销售Rekognition。

脸书对人脸识别技术的研发

　　"GAFA"的四大信息技术企业都在一心研发人脸识别技术。其中脸书的研发方向是与智能手机等我们身边的设备结合起来，因此受到格外多的关注和批判。

　　脸书恐怕是GAFA中最早把人脸识别技术引入自己业务中的企业。早在2010年，脸书就使用了人脸识别技术。用户往脸书上上传智能手机拍摄的合影时，脸书会对照片中的人脸进行面部识别，再与已知范围内的个人信息匹配，从而显示这些人的姓名。

　　当时的人脸识别机制是由脸书提示"照

片中的这个人是×××吗"，用户只要回答"是"，这张脸和名字就建立了对应关系，然后收入到脸书的个人信息数据库中。

不过，该公司从一开始就没有提醒用户要导入人脸识别功能，所以最早看到这个功能时似乎很多人都吓了一跳。

果然，当时的欧盟监管当局谴责脸书的人脸识别功能没有征得用户同意。就在欧盟打算将其严格取缔时，脸书被迫主动停止了该功能。

2014年左右脸书重新上线基于人脸识别技术的服务，并因其基于深度学习技术将其命名为"Deepface"。

关于重启这一服务的原因，脸书公司解释称，人脸识别功能可以保护用户远离网络上的"电子诈骗"。

但是脸书此次收到了来自其他国家的严厉

批判。特别是欧美一些国家有几十个消费者团体和隐私保护团体的反对声此起彼伏。同时，监管当局中也有相关人士指责"脸书使用人脸识别系统没有妥善征得用户同意，侵犯了用户的隐私"[28]。

在这样的批判声中，脸书在对个人信息处理上的草率之处已不言自明。

2018年春，"剑桥分析"（Cambridge Analytica）被曝光非法获取8700万份的脸书使用者数据。这一事件使两家公司遭到了来自全世界的谴责。

此后，脸书首席执行官马克·扎克伯格被传唤到美国议会的公开听证会，遭到了严厉的批评。扎克伯格承诺将强化个人信息管理体制。"剑桥分析"也被迫停业。见图3-1。

另外，欧盟实施名为《通用数据保护条例》的条例。该条例保障欧盟范围内的市民和

图3-1 2018年，在美国议会上作证的脸书首席执行官马克·扎克伯格（欧洲新闻社/日本时事通信社转载）

居民掌控自己的个人数据的权利。

　　尽管事态发展至此，欧美对于脸书悄悄重启人脸识别服务仍然表示担忧和批判。

一"脸"识别"您是会员（VIP）"

　　脸书的人脸识别功能也收到了来自日本用户的投诉。有个案例是用户瞒着周围人偷偷参加了宴会，却在社交网络上被家人和同事发现了，后来为了解释这件事煞费苦心[29]。

　　在脸书上，Deepface解析宴会出席者发布的照片和视频，识别其中的人脸，出现在镜头中的人会被自动打上标签。因此用户参加宴会的事在他本人不知情的情况下被转发给了其他人。

　　特别是工作繁忙时期，如果从职场抽身去参加宴会，可能会遭到同事的白眼。类似这样的事例不胜枚举。

　　问题就在于这种人脸识别没有事先经过用户同意就自动执行。要停止人脸识别的自动贴标签功能，用户必须去设置页面的"隐私"项目里找到"人脸识别功能"，在"是否对脸书中的照片和视频进行人脸识别"问题下选择"否"，从而更改设定。

　　反过来说，用户如果什么都没做，最开始就是"是"的状态。但是，没有几个用户会一开始就了解这么细微的设置，所以只能说脸书基本上是自动进行人脸识别。

　　该公司为何如此想对用户进行人脸识别呢？那是因为通过人脸识别获得的个人数据可以用来赚钱。

　　举个例子，2018年，脸书有一个申请了专利的技术。利用这个专利技术，卖珠宝饰品等的高级商店里的监控会识别顾客，得出的信息与脸书的数据库匹配，从而计算出用户的信用分。

如果信用分非常高，那么这位顾客可以将平时锁在展示柜里的超高级商品拿到手里观看，享受一些特别的优待。

但顾客并不知道后台正运行着基于人脸识别精心挑选客户的程序，还以为是自己优雅的外形和举止让自己自然而然地享受了特别待遇，于是心情一好就特别舍得往外掏钱。

据《纽约时报》报道，这种利用人脸识别的专利，脸书还申请了很多。

像这样，人脸识别数据的商业价值越高，类似"剑桥分析"事件那种非法泄露的风险也会随之增加。各国的监管当局和隐私保护团体都为此绷紧了神经。

位置信息准确度提高的意义

　　这种隐私泄露的危险不仅存在于脸书。有人指出，随着今后5G的普及，有可能出现更大范围、更严重的侵犯隐私的问题。因为5G的特征和优点互为表里。

　　在第一章中我们介绍过，5G网络可同时连接通信网络的智能手机等移动终端数量增长了几百倍。另外，上行方向的通信——也就是终端向企业网页和应用程序传输的速度也高出了一个数量级。这种变化带来的后果是企业方面积累的个人信息量形成爆炸式增长。这些信息如果发生泄露将造成巨大的冲击。

在5G网络中，智能手机获取的位置信息会变得更加精确。这一变化在"毫米波"，即（以日本为例）在28兆赫频段的高频信号中尤为明显。信号频率越高，直线性越强，所以容易被建筑物等障碍物遮挡，很难传到较远的地方。为解决这一问题，运营商迟早要安装比4G时代更多的基站。特别是将小型无线单元安装在建筑物内也不足为奇。

智能手机这样的移动终端为了让网页和应用程序知道自己的位置信息，主要依据这些基站所处的位置来计算。因此，5G时代基站安装得越密集，推算出的手机用户所在位置必然也将比4G时代更精确。

对于各种使用位置信息的服务来说，这在提高服务的准确度和质量方面基本是件好事。但是相应地，用户的隐私也更容易泄露。

比如，有专家认为，离婚诉讼的律师、监督下属的上司、保险公司等有可能滥用精确的位置信息[30]。

受威胁的个人隐私

　　而且，5G通信网络中传输的个人信息也发生了质的变化。

　　最近，智能手机搭载的摄像头画质提高了一个档次，能够拍摄高清照片。但这些大容量数据被5G通信榨取、滥用的风险也增大了。

　　例如，将笑容配上剪刀手的造型拍成一张高清照片，手指部分的图像经过画面处理后可以抽取出指纹生成人工指纹。日本国立情报学研究所的越前功教授证实了这一点[31]。这样的技术如果被滥用，那么用伪造指纹可以突破门禁系统。

而且，如果进入了物联网社会，测量心率的可穿戴终端和人工透析机等医疗设备被接入互联网，如果健康管理和医疗数据泄露，那么将会给我们的就职、雇佣和加入医疗保险等社会生活造成巨大的障碍。特别是政治家和巨头企业的管理者等重要人物的身体状况、医疗数据如果被盗，可能有被用于恐吓的危险。

为此，美国联邦议会的一部分议员在5G时代真正到来之前就提出法案，严格限制企业对消费者信息的处理。但受到来自业界一部分企业的反对，没能将其法律化。

过分强调保护消费者隐私，限制个人数据的流通，将会阻碍5G等新技术带来的商业机会——这是主要的反对理由，但这恐怕也是来自业界的真心话。

此外，美国加利福尼亚州议会2019年10月通过了《加利福尼亚州消费者隐私法》。法律规定年收入2500万美元以上的较大型企业有义务严格保护用户隐私。该新法案承认了约4000万人的加利福尼亚州居民享有要求持有自己个人信息的企业的访问、删除和停止出售收集到的数据的权利。企业如果无法满足这些要求，将会受到最高7500美元的罚款制裁[32]。

对此，企业方面的初期对应费用预计最多高达550亿美元。原本就积极保护隐私的欧盟在2018年5月施行了仿照《通用数据保护条例》的法律，被认为会出现对应负担比通用数据更重的企业。

此外，制定与加利福尼亚州消费者隐私法一样的州法律的趋势在纽约州等十多个州之间逐步扩大。像这样，美国联邦法律即使不做出规定，州法律等地区级别的隐私保护行动逐步推广。一部分美国联邦议员和经济界的有影响力人士也有不少人敲响了警钟。他们的说法如下："在早早就将保护条例法制化的欧盟，就像用自己的枪打自己的脚一样。如果不能自由使用消费者的个人信息这一大数据，AI这种新技术的商用化就不可能实现。"

与其说这是在敲警钟，不如说这基本是在表达自己的不满。实际上，产业界的这种立场倾向也是不得已而为之。

5G语境下"安全性"的含义变了

5G不仅与我们个人息息相关，它还是通信史上首次能够实时处理工厂、医院、军事机构、建筑工地和发电厂等基础设施的大量数据，甚至影响整个城市的移动通信技术。

因此，5G不只是单纯的互联网信息空间，它还是连接社会基础设施的网络。有人认为，与电脑和手机等过去的信息技术设备形成对比，5G时代网络连接的各种各样的物联网设备、装置，很可能没有做好充分应对黑客的准备。

这是无法估量的安全威胁。

比如，连接5G网络的汽车、飞机、正在实施远程手术的机器人，或者城市上空飞行的无人机、限制放水的大坝……如果这些基础设施被黑客攻击导致瘫痪或者操作失误会产生什么后果？非常明显，将会发生无与伦比的惨案。

一直以来，过去与信息与通信技术（ICT）相关的"安全"专指"信息安全"。但今后5G和物联网社会整体网络化，它将不再单指"信息"的安全，还包括"人命"的安全。

美国联邦通信委员会早已看清了其中的严重性，在5G技术标准化开始时就决定将安全性包含在基本规格中。也就是说，美国5G的基础技术规范中包括了"应对网络攻击"等内容。

美国联邦通信委员会前主席汤姆·惠勒（Tom Wheeler）在美国《华尔街日报》评论文章中讲道[33]："设计新的网络标准（5G）时，从一开始就要求网络安全，这还是史上第一次。"

该文章还提到，到了特朗普执政时期，时任主席阿吉特·帕伊（Ajit Pai）率领的新联邦通信委员会颠覆了奥巴马执政时期的决定。联邦通信委员会主席由总统任命，其政策转换也可以看作政府或其政权的意向。

比起5G的安全性，特朗普执政时期更注重5G催生的商机。

在移动通信的技术开发和商用化方面，确保包含国民隐私在内的安全，从某种意义上讲是种保守的姿态。倒不如把麻烦的安全抛诸脑后，积极应用5G、AI和物联网等先进技术创造出新的就业机会，强化美国经济和军事力量。

也就是说，奥巴马执政时期考虑到以后的国家安全选择重视网络安全而特朗普执政时期的安保政策重点是强化经济、军事力量等。

安全专家纯粹从技术角度分析认为，不论是智能手机还是5G通信设备，所使用的无数软、硬件来自全球100多个国家，有好几千名工程师参与开发，就算有谁故意在其中隐藏了安全漏洞，要检查出来也是极为困难的。

因此，美国国家情报前副总监苏·戈登（Sue Gordon）说："我们得设想一个'肮脏的网络'[34]。"意思是说，即使网络是由这些危险的零部件构成的，也必须想办法保障系统整体的安全性，使之与网络共生。

这个提议乍一看有些愚蠢，但如果把"安全性"替换成"可信度"，那么互联网已经实现了这一设想。"传输控制协议/网际协议"（TCP/IP）是奠定互联网基础的技术，即便使用较便宜、可信度较低的零部件和设备，也可以提供整体可信度很高的服务。所以关于安全性，只要下功夫应该就能做到。

特别是人们在加强安全性方面对5G中被称为"网络切片"的技术寄予厚望[35]。这是一种把5G通信网络分割成多个层（切片），每个层可以按独立的规格需求进行设计的功能。

使用这一技术，尽管物理上是同一个网络，但将人才和开发资金等集中投入到"医疗"和"卫生保健"等需要谨慎处理个人信息的通信服务中，就可以实现高安全性，还可以进行灵活的系统开发，在其他用途上实现相应的安全性等。

此外，网络攻击的种类和性质因受攻击对象的应用程序（服务）和设备不同而不同，所以每个切片可以各自单独采取安全措施，有针对性地应对各种攻击。

5G的安全漏洞

　　5G也被一部分专家指出存在固有的安全问题[36]。

　　一种是被叫作"假基站"的网络攻击手法。5G标准技术的加密范围比4G的更大，但不能保证万无一失。令人担心的是，通过控制剩下没被加密的信息，可以把原本并非基站的设备伪装成基站，从智能手机等末梢终端获取个人信息。

　　另一种叫作"降级攻击"的黑客手法也被认为是潜在的安全漏洞。该手法利用5G标准技术建成的网络降级为3G或4G网络，利用旧式网络的安全漏洞发起攻击。

4G网络向5G迁移时会发生同样的问题。通信网络不可能一下子整个切换到5G，所以迁移阶段必然是两种网络同时存在。通过4G时代的安全漏洞入侵5G网络攻击系统或盗窃客户的个人信息，是完全有可能发生的。

特别是新旧网络的连接如果欠缺充分的保护和准备，它的危险程度就会增加。有专家认为今后10年左右，这个迁移阶段独有的问题会一直存在。

也有观点认为，最终，比起4G和5G的标准技术问题，"实现（安装）"才是最重要的。

4G时代就有一部分企业优先考虑成本问题，疏于在系统中安装确保安全的技术。这是个人信息泄露问题频发的根源，企业如果不改变这种状况，就算升级到5G也还是会出现同样的问题。

还有一种想法是，5G通信将通过遍布整

个网络的监控和物联网设备等无数的传感器收集大量数据，运营中心的深度学习只要解析这些大数据，就可以提高安全性。

国际竞争拉开序幕

21世纪的核心技术被认为是AI和5G等信息通信技术。这在19世纪发达的电磁学和以其为基础的电信技术中已初见端倪。

1837年，美国的塞缪尔·莫尔斯（Samual Morse）以刻在一张细长的纸带上的莫尔斯电码为原型发明了电磁电报机。电报机的公开实验一成功，1844年华盛顿和巴尔的摩之间就架起了电报线，1866年横跨大西洋成功铺设了海底通信电缆。

1868年，日本明治维新开始，最早是在1874年搭建了从长崎到北海道纵贯全日本的电报网。这个电报网成了明治政府得以强有力地控制地方的工具。

1877年，日本西南战争[①]中的政府军也是利用遍布东京和长崎之间以及九州各地的电报网，在战局中取得了有利地位。当时的日本便以此证明了管理近代国家依靠的正是信息通信。

此外，与此相隔不久，1871年，丹麦大北电报公司铺设了从长崎到上海、长崎到符拉迪沃斯托克（海参崴）间的海底电缆，拉开了日本国际通信的序幕。

另外，19世纪后半期建立的麦克斯韦方程组和赫兹电磁波实验等，为近代无线技术奠定

---

① 西南战争发生于日本明治十年（1877年）2月至9月，是明治维新期间平定鹿儿岛士族反政府叛乱的一次著名战役。因为鹿儿岛地处日本西南，故称之为"西南战争"。西南之役的结束，亦代表明治维新以来的倒幕派的正式终结。——编者注

了基础。

在此基础上，意大利的古列尔莫·马可尼（Guglielmo Marconi）的无线电报实验成功。马可尼自己成立了无线电报公司，1901年成功实现横跨大西洋的通信。之后，他因此获得了诺贝尔物理学奖。

1939—1945年第二次世界大战期间，伴随着无线技术的发展，信息通信的加密化也愈加先进。德国使用了一种名为"恩尼格玛"的加密机，坚不可破。但英国数学家艾伦·图灵率领团队破译了该密码，将对抗德国的战争引向胜利，并确立了计算机和人工智能的基础理论。

1973年，美国摩托罗拉公司的工程师马丁·库帕（Martin Cooper）发明了世界上第一台手机。1983年商品化后售价约为4000美元，换算成现在的物价大约为1万美元。这种手机不仅价格昂贵，还需要花费10个小时充电，而开机后刚打20分钟电话就没电了。

但是，1987年（1988年日本上映）非常火的好莱坞影片《华尔街》(*Wall Street*)中，迈克尔·道格拉斯（Michael Douglas）饰演的贪婪的投资家一边在美丽的海滩上散步，一边打电话激励销售员的场景中，使用的就是这款手机。它也成了20世纪80年代日本泡沫经济时期金钱和权力的象征。

早期的手机非常笨重，后来，北欧和日本的运营商、制造商主导研发更小巧轻便的手机，特别是日本在21世纪开发出的折叠型、功能型手机，在其造型设计美观的外壳内，已经具备了当时最先进的简易互联网功能。

2007年，随着iPhone的登场，移动互联网与信息技术产业的主导权被美国掌握，以GAFA为代表的硅谷高科技企业聚集了来自全球的顶尖人才和巨额资金。

但是，成败兴衰，世事无常，不会就此结束。

参考文献

1 「Inside Google Stadia」(Wilson Hennessy, Wired, Thursday October 2019).

2 「Sony's Deal With Microsoft Blindsided Its Own PlayStation team」(Yuji Nakamura and Dina Bass, Bloomberg, 2019年5月20日).

3 「Google Stadia Wants You to Replace Your Video Game Console. Don't.」(Brian Chen, The New York Times, Nov. 18, 2019).

4 「UNWIRED：インターネット社会への5Gインパクト」(村井純、情報通信学会誌、2019. SEP).

5 「The Downside of 5G：Overwhelmed Cities, Torn-Up Streets, a Decade Until Completion」(Christopher Mims, The Wall Street Journal, June 29, 2019).

6 「5G Economy to Generate $13.2 Trillion in Sales Enablement by 2035」(Qualcomm Press Note, Nov. 7, 2019).

7 「『2019CESA一般生活者調査報告書』発刊！」(一般社団法人コンピュータエンターテインメント協会・報道関係資料、2019年3月25日).

8 「役目を果たした。Google、VRヘッドセット『Daydream』を終了へ」(Sam Rutherford, GIZMODO, 2019.10.17).

9 「Oculus Goレビュー：スタンドアローンでお手頃、でも満足できないのはなぜ?」(Patrick Lucas Austin，GIZMODO，2018.05.21).

10 「オキュラス・クエスト、VRゲームの未来ここに　Wiiを彷彿とさせる没入感抜群のVRヘッドセット」(David Pierce，The Wall Street Journal，2019年5月9日).

11 「VRやARとどこが違う? MR（複合現実）の仕組みと代表例『Microsoft HoloLens』を解説」(TIME & Space，2019年3月16日).

12 「"You're Hired. Now Wear This Headset to Learn the Job."」(The New York Times，Karen Weise，July 10, 2019).

13 「ベルシステム24、デロンギ、日本マイクロソフト、DataMesh、『コールセンター・ワークスタイル・イノベーション・プロジェクト』開始　～Mixed Realityを活用し、コールセンターの"時間や場所を超えた新しい働き方"の実現へ～」(ベルシステム24、ニュースリリース、2019年12月2日).

14 「5G・東京五輪が普及後押し　VR・AR早わかり　日経業界地図（9）VR・AR」(日本経済新聞　電子版、2019年10月25日).

15 「Apple Plans Standalone AR and VR Gaming Headset by 2022 and Glasses Later」(Mark Gurman，Bloomberg news，2019年11月12日).

16 「There's a race to replace our iPhone with smart glasses we wear everywhere」(Todd Haselton，CNBC.com，Nov. 11, 2019).

17 「NTTドコモ、Magic Leapにおよそ312億円出資　国内向けデバイス販売権など取得」（Mogura VR，ASCII.jp，2019年5月10日）．

18 「スマートグラス「nreal light」を活用した実証実験パートナー第一弾として「メルカリ」が参画」（ＫＤＤＩニュースリリース、2019年6月11日）．

19 「KDDI、Facebookと5G向けAR、VRサービス共同開発へ」（産經新聞ホームページ、2019年11月25日）．

20 「世界初、5G技術で手術の遠隔指示に成功　スペイン・バルセロナ」（ＡＦＰ、2019年2月28日）．

21 「ロボットシステム『ゼウス』で大西洋を越えた遠隔手術に成功」（Julia Scheeres，wired.jp，2001年9月25日）．

22 「The surgeon who operates from 400km away」（BBC Future，Rose Eveleth，May 16，2014）．

23 「Cancer Patients Are Getting Robotic Surgery. There's No Evidence It's Better」（Roni Caryn Rabin，The New York Times，March 11，2019）．

24 「手術支援ロボット　遠隔手術、解禁　数年以内に実用化へ　厚労省検討会」（毎日新聞ホームページ、2019年6月29日）．

25 「This Ad Shows Just How Much Chinese Consumers Trust Facial Recognition Technology」（Kyle Mullin，Slate，May 31，2019）．

26 「Amazon Pushes Facial Recognition to Police. Critics See Surveillance Risk.」（Nick Wingfield，The New York Times，May 22，2018）．

27 「Amazon facial recognition ban won just 2% of shareholder

vote」（Jeffrey Dastin，Reuters，May 25，2019）．

28 「Facebook's Push for Facial Recognition Prompts Privacy Alarms」（Natasha Singer，The New York Times，July 9，2018）．

29 「ナイショの宴会が家族にばれた理由、Facebookの『タグ付け』に要注意」（鈴木朋子、日経ｘＴＥＣＨ、2019年11月15日）．

30 「As 5G Technology Expands，So Do Concerns Over Privacy」（Matthew Kassel，The Wall Street Journal，Feb. 26，2019）．

31 「高画質写真に悪用リスク　SNS、求められる自衛」（日本経済新聞電子版、2019年12月7日）．

32 「米加州で新個人情報保護法　欧州上回る企業負担も　初期対策費5・9兆円と試算」（白石武志、日本経済新聞電子版、2019年10月15日）．

33 「If 5G Is So Important，Why Isn't It Secure?」（Tom Wheeler，The Wall Street Journal，Jan. 21，2019）．

34 「Every Part of the Supply Chain Can Be Attacked」（Bruce Schneier，The Wall Street Journal，Sept. 25，2019）．

35 「The Good News About 5G Security」（Adam Janofsky，The Wall Street Journal，Nov. 10，2019）．

36 「5G Is More Secure Than 4G and 3G— Except When It's Not」（Lily Hay Newman，Wired，December 15，2019）．